建筑的表情

The Look of Architecture

威托德·黎辛斯基 | Witold Rybczynski 著
杨惠君 译

天津大学出版社
TIANJIN UNIVERSITY PRESS

版权合同：天津市版权局著作权合同登记图字第 02-2005-82 号

建筑的表情 | JIANZHU DE BIAOQING

图书在版编目（CIP）数据

建筑的表情 /（美）威托德·黎辛斯基（Witold Rybczynski） 著；
杨惠君译. -- 天津：天津大学出版社，2019.6
ISBN 978-7-5618-6422-7

Ⅰ. ①建… Ⅱ. ①威… ②杨… Ⅲ. ①建筑科学 Ⅳ. ① TU
中国版本图书馆 CIP 数据核字（2019）第 109283 号

出版发行 天津大学出版社
地　　址 天津市卫津路 92 号天津大学内（邮编：300072）
电　　话 发行部：022-27403647
网　　址 www.tjupress.com.cn
印　　刷 廊坊市瑞德印刷有限公司
经　　销 全国各地新华书店
开　　本 145mm×210mm
印　　张 4.5
字　　数 130 千
版　　次 2019 年 6 月第 1 版
印　　次 2019 年 6 月第 1 次
定　　价 32.00 元

目录 | CONTENTS

推荐序 | PREFACE

建筑评论家、台湾铭传大学建筑系讲师　徐明松

建筑作为一种形式的语言风格，到底与其他人文或流行领域的形式语言有无关联，是否可以互相比较，是一个有趣的问题。

理论上，每一个专业自有其内部的特定语法、历史的形成，特别是技术的改变在里面扮演的角色。就拿建筑来说，钢筋混凝土发明后的建筑风格，完全不同于古典时代，即便中间仍经过了上百年的过渡，其间有新古典主义、折中主义等历史乡愁的出现，随后又有英国手工艺运动与欧洲新艺术运动的崛起，20 世纪初才由维也纳建筑师阿道夫・鲁斯（Adolf Loos）吹响“装饰就是罪恶”的号角，进入所谓的“现代建筑”时代。

然而，我们在日常生活中，又很容易感受到各领域之间可能的关系。就像台湾前辈建筑师王大闳所说：“服装是我们身体的外壳；建筑是我们生活的外壳。我们依照自己身体的外形来设计衣服；我们根据自己的生活内容来设计房屋。”拿服装来说明或比喻建筑有其精妙之处，亦有其限制。

建筑其实是门颇为复杂的学科，光是营建所涉及的细节就不胜枚举，这是来自材料与营建技术的制约，另一方面是来自社会的制约，譬如说设计者个人的素养或业主的期望与需求，这里如果涉及更多未来的使用者，自然还有社会的期望必须被满足。所有这一切都可能影响建筑的最后样貌，也因为这种明显为时代所“捆绑”的现象，相对于其他人文领域，建筑更能表征时代风格。

此外，倒也不是说服装不能与建筑类比。在概念层次上，两者的确有许多相似之处，特别是服装与建筑装饰之间的关系，因为它们都同样涉及观感，借由视觉体验事物。

黎辛斯基这本谈论建筑的小书，并不想高谈阔论建筑哲学，也不想让书本成为人生沉重的包袱，他的行文轻松地跳跃在时尚与建筑风格之间，间或谈了许多其他人文类别与建筑的关系。譬如说，在第一章（盛装打扮）里，就提到“**摄影显然是强调建筑物的视觉品质，而忽略了实用和坚固这两个条件……**”，或者照片无法让人看到建筑物真实、完整的坐落氛围等，都是一个深入的观察与有趣的提醒。

书中讨论建筑的方式，有意避开明显的意识形态立场。作者有时偏好古典，有时又赞扬现代，端看场景所需。在讨论柯布西埃（Le Corbusier）、詹姆斯·斯特林（James Stiring）与罗伯特·文丘里（Robert Venturi）这些 20 世纪关键性建筑师时，似乎又远离我们熟悉的严谨建筑史脉络，带我们以旁观者（非专业者）的眼光重新窥视或嘲弄现代建筑所发生的一切。

作者还知道甚多建筑的“八卦”，尤其是美国建筑圈内百年来发生的“韵事”，随手拈来，增添了不少趣味。因此这是一本睡觉前可以阅读的书，它不会给你增加任何的负担（除了买书的费用），却能够在不知不觉中增长你的知识。

导论 | INTRODUCTION

建筑师不喜欢谈风格。如果你问一位建筑师，他现在遵循的是哪一种风格，那么对方可能会摆出一副老大不高兴的表情，或是来个沉默。再逼问下去，就会使对方愤怒地大力否认：“严肃的建筑物和风格没有丝毫关系。”

作家或画家会因为能塑造风格而得到掌声，把一位建筑师称作“风格者”（stylist），被认为是一项很模糊的赞美。最让建筑师光火的，莫过于被人依照某个特定的风格而归类。我听说，罗伯特·文丘里和迈克尔·格雷夫斯（Michael Graves）听到任何人表示他们的作品和后现代主义（Postmodernism）有关——这两个人其实是美国后现代主义的建筑大师——都会暴跳如雷。

大多数建筑师比较喜欢谈体量和空间，或是文脉和历史典故，或者是——要是他们喜欢讲学术行话——“构造学”（tectonics）和“实体”（materiality）。换句话说，尽管建筑师很愿意接受“建筑物是把观念具体化”的想法，但对于表达这些观念的方法，还是不太愿意公开承认。

只要把不久前的建筑物浏览一下，就可以确定建筑风格是确实存在的，而且就像服装或食物的风格一样，会定期改变。不同的时代偏好不同的材料，举例来说：玻璃块（glass-block）属于20世纪20年代；波纹纤维玻璃（corrugated fiberglass）是20世纪50年代的特色；在我们的记忆中，20世纪90年代的末期，可能是建筑师开始用锌和钛来包裹建筑物的时代。在形状和颜色方面，也如出一辙。没有人会把一栋笨重、单调的战前邮局建筑，和后来轻薄、粉彩的后现代继任者搞错——建筑物就和邮票一样，有不同的风格。

打破传统信仰的菲利普·约翰逊（Philip Johnson）是很早就面对风格这个问题的少数几位现代建筑师之一。“风格并不像我的几位同僚所认为的，是一套规则或一副手铐，”他曾经说，“风格是一种作业的氛围，一个让你一跃腾空的跳板。”1932年，菲利普·约翰逊和建筑史学家亨利·拉塞尔·希区柯克（Henry-Russel Hitchcock）针对一种以平板屋顶、直线构成的白色立面、船只栏杆构成的阳台所形成的新建筑，将其描述成“国际风格”（International Style）。当时约翰逊是一位建筑史学者；建筑从业者对于自己和这么浅薄琐碎的东西扯在一起，都会暴跳如雷。“风格就像是插在女人帽子上的一根羽毛，如此而已。”柯布西埃对此嗤之以鼻。对女人的帽子颇有涉猎的香奈儿夫人（Gabrielle Chanel），则有不同的看法。“时尚会成为过去，”她说，“但风格屹立不倒。”

我同意香奈儿夫人的说法。在我眼中，风格是建筑历久不衰——令人喜爱——的一种特质。建筑师拒绝承认风格这个概念的正当性，不免流于天真，而且也很不诚实，因为大多数成功的建筑师，都对风格有着强烈的意识——不只是在他们的设计上而已。除了说是要唤起一种个人的风格以外，我们还能怎么描述弗兰克·劳埃德·赖特（Frank Lloyd Wright）的披肩和卷边平顶帽、柯布西埃的圆框眼镜、路易斯·I. 康（Louis I.Kahn）的蝴蝶结领结？连弗兰克·盖里（Frank Gehry）皱皱的衬衫都是一种风格。事实上，在我认识的建筑师当中，大多数都对风格非常执着——不只是服装打扮的风格，包括家具、汽车，甚至钢笔（雪茄状的万宝龙大班笔〔Mont Blanc Meisterstück〕就是最受钟爱的一支笔）也不例外。事实明明摆在眼前，为什么他们就是不愿意承认？

过去这些年来，我在文章和书评当中，对于“风格”（style）这个主题做过试探性的探讨。1994 年在科罗拉多州阿斯本（Aspen）举办的国际设计会议上，我首度谈论服装和室内装饰，后来在弗吉尼亚州殖民地威廉斯堡（Colonial Williamsburg）又谈了一次。在牛津大学出版社和纽约公共图书馆的赞助之下，我受邀发表了一系列的公开演说，借着这个机会，用一种审慎的方式，把这个问题介绍给大家。

1999 年 10 月，连续三个星期二，我在图书馆的萨利斯特·巴尔托斯论坛（Celeste Bartos Forum）演讲。这本书就是演说内容的集结。本书分成三个部分，反映了演说的发展过程。但是，口述和书面的文字仍然不尽相同。不管怎么说，这本书并不是把一系列的即席演说誊写下来而已，我也想借这个机会把之前谈到的观念仔细说清楚。某一位用心的听众所提出的反思和比较深刻的问题，也让我对某些陈述再三思索。和建筑从业者的对话交流，特别是杰奎琳·泰勒·罗伯逊（Jaquelin Taylor Robertson）和罗伯特·亚瑟·莫顿·斯特恩（Robert Arthur Morton Stern），使本书的内容更加充实。斯特恩还提醒了我一句英国剧作家奥斯卡·王尔德（Oscar Wilde）说过的话：“在重要的事情上，风格就是一切。”

第一章

盛装打扮

DRESSING UP

建筑是很难界定的。德国大文豪歌德（Goethe）称建筑为“凝固的音乐”（Architecture is “frozen music”.）。这种比喻虽然捕捉到某种节奏感，但并不完整。同时，也把“艺术之母”（the mother of the arts）的地位给贬低了，不如干脆把音乐描绘成融化的建筑好了。尼采（Nietzsche）则相信建筑反映了人类的骄傲、克服地心引力的胜利以及人的权力意志。这个概念可以套用在许多建筑物上，无论是哥特式大教堂，还是摩天大楼，不过这种说法又太“尼采”了。英国建筑大师艾德温·兰西尔·鲁琴斯爵士（Sir Edwin Landseer Lutyens）把建筑说成一种游戏：“在建筑的游戏中，安德烈·帕拉迪奥(Andrea Palladio)*就是规则！”柯布西埃把他的艺术描述成“把体量巧妙地、准确地、华丽地拼合在一起的游戏”。这是对他自己的建筑物相当贴切的描写。

我个人偏好亨利·沃顿爵士（Sir Henry Wotton）** 的定义。在威尼斯居住多年的沃顿爵士，虽然不是建筑师，却是不折不扣的建筑爱好者，1642 年出版了他的一部探讨建筑的论著。“建筑就和其他的创作艺术一样，必须由目的来指导创作，”他写道，“目的在于打造优质的建筑。优质建筑有三个条件：实用（Commodity）、坚固（Firmness）和美感（Delight）。”

* 安德烈·帕拉迪奥（1508—1580 年）为意大利文艺复兴晚期威尼斯最重要的建筑师，其著作《建筑四书》对西方建筑发展影响深远。

** 亨利·沃顿爵士(1568—1639 年)，英国诗人、外交官、艺术鉴赏家和建筑理论家。

沃顿爵士是根据罗马建筑师马尔库斯·维特鲁威·波利奥（Marcus Vitruvius Pollio）* 的著作进行描述的。这番话之所以令我心仪，是因为他强调建筑艺术的复杂性。首先，建筑有三个不同的目的，不是只有一个而已：为人类的活动提供容身之地（实用）、恒久地挑战地心引力和风雨侵蚀（坚固）以及成为一件美的事物（美感）。建筑必然是这三者的综合，毫无例外。不过，能够达成一个目的，未必保证也能达成其他的目的。有的建筑物朴素而坚固，有的则美丽而脆弱。一栋规划良好的建筑物可能其貌不扬，正如一栋美丽的建筑物也可能机能贫乏。和路易斯·沙利文（Louis Sullivan）** 那句经典名言正好相反，形式不一定追随机能。

不只机能和形式分家，在漫长的寿命中，建筑物可以成功地适应各式各样的用途。举例来说，一些最有名的博物馆，巴黎的卢浮宫（Louvre）、圣彼得堡的冬宫（Hermitage）、维也纳的美景宫（Belvedere）原本都是皇宫；佛罗伦萨的乌菲齐美术馆之所以叫“乌菲齐”（Uffizi）这个名字，是因为里面原本都是办公室；马德里的普拉多美术馆（Prado），当初的用意是设计作为科学博物馆，而非美术馆。巴黎著名的奥塞美术馆（Musée d'Orsay）则位于火车站里面。纽约的弗瑞克收藏馆（Frick Collection）和华盛顿特区的

ф ф ф ф ф ф ф

* 马尔库斯·维特鲁威·波利奥（公元前90年—公元前20年），古罗马建筑师，著有《建筑十书》。

** 沙利文（1856—1924年），美国芝加哥学派的建筑师，提出经典名言“形式追随机能”（Form follows function）。

菲利普收藏馆（Phillips Collection）这两间我最钟爱的小博物馆，当初盖的时候都是住宅。

从古迹的保存和再利用可以看得出来，人们可以在翻修过的仓库里购物，在改装的阁楼里办公，或是在谷仓里居住。当然，这是假设仓库、阁楼和谷仓都属于优质建筑。老建筑物的结构——沉重的横梁、粗糙的砖墙和实心木材——是成就其美感的主要因素之一。正因为如此，我们一旦看到了空心墙、脆弱不堪的门和摇晃的栏杆，就觉得惨遭欺骗。建筑物应该耐久，给人仿佛百年不坠的感觉。

我们可能会以为，就像最高级的汽车——奔驰、宝马、雷克萨斯——代表汽车技术的最高标准，那么得到最高赞美的建筑物，建筑品质应该也是第一流的。这在以前是八九不离十，不过到了 20 世纪，新的建材和新的美学理论常常促使建筑师随便实验一番，即使是最了不起的建筑师，也不免阴沟里翻船。

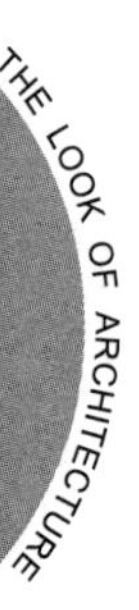

例如，柯布西埃的白色郊区别墅，覆盖在砖块上的水泥抹面就非常粗糙，而且因为建筑师通常会（基于美学上的理由）忽略侵入性的金属防雨板和压顶板条，这种粗糙的“供人居住的机器”旧了以后就不能再使用。赖特设计的好几栋建筑物就有天窗渗漏、悬垂物下沉和暖气系统故障等问题。如果只是单纯的造访，不会减少访客的任何乐趣，但如果住在里面，就不太愉快了。

近年来，最戏剧性的一个实验失败的例子，应该算是 1977 年揭幕的巴黎蓬皮杜中心。这栋建筑物因为建筑上的锐意创新而广获好评——英国《建筑设计》(*Architectural Design*)期刊称其为“现代运动中颇具影响力的建筑物”。伦佐·皮亚诺(Renzo Piano)和理查德·罗杰斯(Richard Rogers)两位建筑师把建筑物的里外彻底翻转。他们很戏剧化地把管线、输送管、逃生梯、电梯和手扶梯，都悬挂在建筑的外部结构上。这些原本隐藏在里面的构件，现在全部一目了然——承受风雨的侵蚀。结果或许早就可以预见了：才过了二十年，法国政府就不得不把蓬皮杜中心关闭，进行为期两年的翻修。尽管当局坚称，需要翻修的原因是当初没想到会招来这么多的访客，但根据《世界报》(*Le Monde*)的报道，光是刷新蓬皮杜中心的立面，就耗费了总预算 9 000 万美元中将近一半的金额。

我任教的宾夕法尼亚大学，是路易斯·I. 康设计的理查德医学研究大楼(A. N. Richards Medical Research Laboratory)的所在地。这件由预制混凝土和砖块打造而成的结构力作，使路易斯·I. 康享誉国际。我记得在学生时代，这间实验室才刚盖好没几年，我从蒙特利尔到费城去参观。我和同学尤其欣赏裸露的混凝土结构以及被路易斯·I. 康称为“服务空间”(servant space)和“被服务空间”(served space)的明确区隔——巨大的砖造通风井，还有以玻璃密封的精致个人实验室。不过，这些个人实验室最终却一点也不受使用者欢迎。大片大片的窗户引进太多的光线(现在大多数都用铝箔纸贴了起来)，裸露混凝土横梁上的水泥灰尘会掉在实验室的桌子上，僵硬的平面图也没办法随着需求的变化而调整。

路易斯·I. 康设计的宾夕法尼亚大学理查德医学研究大楼的“服务空间”和“被服务空间”。

理查德医学研究大楼从落成（1965年）到现在，不过四十多年。它位于一座名为“方形庭院”（Quad）的学生宿舍旁边，这个英国詹姆斯王朝复兴风格（Jacobean Revival）的建筑群，设计得美轮美奂，规划环绕着一系列的庭院，这栋壮观的建筑物近百年来一直默默地矗立在一旁。

方形庭院是由沃尔特·柯普（Walter Cope）和约翰·史迪沃森（John Stewardson）两位建筑师在费城开设的建筑师事务所设计的。他们在宾夕法尼亚大学、普林斯顿大学和布莱恩·茅尔学院（Bryn Mawr College）所打造的建筑物，是所谓的“学院式哥特风格”（Collegiate Gothic）大受欢迎的首要功臣。“方形庭院”讨人喜欢、备受爱戴——是优质建筑——是水准最高的建筑物。然而，我和同学多年前造访费城的时候，并没有留意这栋宿舍。

尽管柯普和史迪沃森的成就傲人，更具有广泛的文化影响力，但我们当时从没听过这两号人物。我们所研读的建筑史学家——齐格弗里德·基提恩（Siegfried Giedion）、尼古拉斯·佩夫斯纳（Nikolaus Pevsner）、詹姆斯·马斯顿·费奇（James Marston Fitch）——都是偏爱创新者和实验家，即使创新和实验常常失败。

换句话说，大多数现代建筑的史学家都比较看重**美感**，而非**实用**和**坚固**。这可能是因为相较于机能的表现或建材的耐久性，建筑物的外观比较容易评估（尤其是在远距离的时候）。再不然，可能是他们主要钟情于建筑的美学品质。不管怎么说，“具有想象力、

位于理查德医学研究大楼旁边，
坐落在“方形庭院”东部的宿舍，
由柯普和史迪沃森建筑师事务所设计。

创意和革命性”比“适应性强、可靠和坚固”更容易成为献给重要建筑物的赞美之词。

这不是说好的建筑只要实用即可。费城最壮观的空间之一，就是三十大街车站（Thirtieth Street Station）的候车大厅，这是著名的芝加哥建筑师群体，格拉汉姆、安德森、普洛斯特与怀特建筑师事务所（Graham, Anderson, Probst & White），亦即丹尼尔·汉德森·伯恩翰（Daniel Hudson Burnham）的继承者，在 1934 年为宾夕法尼亚州铁路公司建造的车站。

宏伟的大厅 290 英尺长，将近 100 英尺高*，顶部是一个平面的藻井天花板，以红色、金色和奶油色作装饰。柔和的光线从两边的高窗流泻进来。在这个令人难忘的空间里，几乎没有一样东西——镀金的装饰艺术吊灯、石灰华墙壁、两端巨大的科林斯圆柱——是出自车站大厅世俗的机能：让人们在走下楼梯到底下的月台之前，有个候车的空间。不过在火车运输的全盛时期，火车站候车大厅为乘客提供的，不只是一个上下火车的地方，而是一个进入这个城市的门户，也象征着对现代运输——以及宾州铁路公司——毫无保留的信仰。因此让美感优先于实用的目的，也是很适合的。

然而美感也不是一成不变的。例如纽约市中央车站（Grand Central Terminal）的主候车大厅，就和费城三十大街车站的候车大

*〔责编注〕1 英尺≈0.3 米。

厅有不一样的美感。这两个壮观的空间在尺度和机能上都差不多。两者都是优质建筑。空间类似、建材相仿，然而人们对这两个候车大厅的体验却有所不同。

两栋建筑物的设计灵感都来自过去的古典主义建筑，但是在1913年揭幕的纽约市中央车站，是巴黎美术学院派的古典主义（Beaux-Arts Classicism）的修订版；而费城三十大街车站尽管有科林斯圆柱，却是简化、抽象和风格化的，也就是史学家所谓的“朴素古典主义”（Stripped Classicism）。因此，中央车站很戏剧化，在视觉上，细部也很丰富，简直可以说是理查德·瓦格纳（Richard Wagner）* 的风格；三十大街车站也同样富有戏剧性，不过这种戏剧性是清爽的几何图形和光鲜的文雅气质——不是瓦格纳，而是柯尔·波特（Cole Porter）** 那种。最小的细部呈现出的风格，往往是最明显的。这也确保了中央车站巨大的拱形天顶和售票柜台具有一致性，或是三十大街车站的枝形水晶吊灯和每个轨道楼梯上的告示牌连成一气。这是一栋建筑物的视觉语言，无论是大是小，建筑风格向来是建筑师借以传达某种特定视觉美感的方法。

实用、坚固和美感的比重从来不是平等的。有时候这个条件占优势，有时候那个条件比较吃香。候车室有时候必须作为对到来或

THE LOOK OF ARCHITECTURE

* 理查德·瓦格纳（1813—1883年），19世纪重量级的音乐家，其音乐艺术的核心是歌剧。

** 柯尔·波特（1891—1964年），美国知名作曲家，曲风轻快、明朗。

离开的凯旋礼赞，有时候就只是一间候车室而已。有时候为了达到美学上的效果，必须牺牲结构上的单纯。有时候机能性的需求凌驾于其他的考量之上。一间科学家觉得不适用的实验室，不管设计得多美，就是一件失败的建筑作品。一间平庸的教堂比一间平庸的工厂更教人扼腕。建筑的艺术就是要明智地在沃顿爵士的三个条件之间取得平衡。

目的必须指导创作。这是建筑有别于绘画和雕塑这两种艺术的地方。“艺术家可以画出正方形的车轮，”保罗·克利（Paul Klee）* 曾经这么表示，“不过建筑师的车轮就非得是圆形不可。”从这一点来说，建筑和其他如烹饪之类的“创作艺术”差不多。大厨的创意同样也会受限于他无法控制的因素——天然的原料、人类的味觉、食材的化学作用。菜肴必须同时兼顾营养（nourishing, 即实用）、耐煮（cookable, 即坚固），当然还要美味（tasty, 即美感）。（卖相也要好看才是，虽然我认为当代偏好在视觉上极尽奢华的菜肴，是一种脱轨的行为。）烹饪的艺术就和建筑艺术一样，秘诀就是要懂得如何在这三个条件之间建立合宜的关系。

对食物的体验是感官的，也是第一手的。也就是说，阅读《美食家》（*Gourmet*）杂志里面的食谱，欣赏布置餐桌的照片，尽管都

ф ф ф ф ф ф ф

* 保罗·克利（1879—1940 年），德国抽象运动最重要的艺术家之一，曾在包豪斯学校（Bauhaus）任教。

很有意思，但在我认识的人当中，没有哪个人会认为这可以取代食用。对建筑物的体验也是感官的。然而，我们不少人最早看见的建筑物——特别是著名的建筑物——都是在书籍、杂志、报纸、公众演说和展览上的照片。

现代运动（Modern movement）最著名的建筑物之一，即“现代建筑之父”之一路德维希·密斯·凡·德·罗（Ludwig Mies van der Rohe）的巴塞罗那展览馆（Barcelona Pavilion），几乎全靠照片来打响名号，因为这是一栋为了举办一项为期仅七个月的展览而兴建的建筑物。

在照相技术发明之前，位于芬兰偏远地区的佩米欧肺结核疗养院（Paimio Tuberculosis Sanatorium）肯定无人知晓；但这所疗养院惊世骇俗的影像，让年轻的建筑师阿尔瓦·阿尔托（Alvar Aalto）成为全球知名的人物。悉尼歌剧院是另外一个几乎没有多少人亲眼见过的全球知名建筑，至少澳洲以外的人就没什么机会亲自前往参观。

然而，摄影也很难在我们面前呈现一栋建筑物是如何实现它的机能，或是如何兴建起来的。例如，经常被拍成照片的佩米欧肺结核疗养院阶梯上的栏杆，看起来仿佛是标准国际风格的金属管。事实上，这些都是木材——摸起来感觉舒服多了——被漆成金属的样子。从巴塞罗那展览馆出了名的照片看起来，这是用八根独立的柱子来支撑一片平板，另外独立的大理石隔屏（marble screen）没有承担任何的荷载，是一个典型的国际风格结构。事实上，隔屏里面隐藏着柱子，这些隔屏并非大理石厚板，只不过是把大理石薄板贴在石造支撑墙（masonry back-up wall）上。换言之，这栋1929年的建筑物是传统的层状构造，而非现代主义的结构纯正主义之作（modernistic structural purism）[1]。

照片上的建筑物永远年轻，排除了时间、天气和使用所带来的摧残。来到一个备受推崇的建筑地标，却发现混凝土弄脏了、粉刷过的窗框剥落、瓷砖也裂了开来，确实令人震惊。当然，所有的建筑物都会老旧，只不过有的建筑物老得比较优雅。一栋拥有四百五十年历史的帕拉迪奥设计的别墅，尽管灰泥剥落，砌石上面长满了青苔（或许这样看起来更让人着迷），别墅的美却不减当年。另一方面，现代建筑物如果不能像机器一样闪闪发光，魅力也就不复再现。

摄影显然是强调建筑物的视觉品质，而忽略了实用和坚固这两个条件。然而，摄影也没办法完全传达美感。举个例子，访客来到纽约的西格拉姆大厦（Seagram Building），会很惊讶地发现密斯・凡・德・罗设计的这座青铜塔（bronze tower）* 和由麦基姆、米德与怀特建筑师事务所（McKim, Mead & White）设计的公园大

ф ф ф ф ф ф ф

*〔责编注〕因西格拉姆大厦完全包覆青铜色玻璃幕墙，所以本书作者称其为“青铜塔”。

道另一侧的网球俱乐部（Racquet and Tennis Club）意大利文艺复兴风格的建筑立面，竟然有一种微妙的关系。赖特在橡树公园（Oak Park）的作品，拍出来的照片也一样会骗人，因为从照片上根本看不出他口中的“草原式住宅”（prairie house）周围舒适的郊区环境。我在学生时代用黑白照片研究柯布西埃的建筑物，怎么也没想到当我亲身体验他色彩斑斓的室内时，会受到这么大的震撼。

照片也无法传达动感，这也是建筑体验不可或缺的一部分（电影在这方面比较出色，但差别并不大）。任何事物都无法像实体那样传达对建筑物的实际体验。罗伯特·休斯（Robert Hughes）* 曾经说过一句话，意思是这样的：看照片欣赏建筑，就像是用电话享受性爱。

现代建筑物的照片最容易误导的地方，就是对室内的描绘。拍摄室内空间的时候，通常都是空无一物，或只有最简单的家具，这时屋主还没有机会搬进来（可能会）玷污设计的纯粹性。但即使这个空间是有人居住的，也都遵循着严格的规矩：家具必须仔细排列成行；一定不能有任何使人分心的东西，不能有喝了一半茶的杯子、弄皱的报纸、弃置的儿童玩具，书架上书籍的排列要创造出一种趣味盎然的外观、个人的纪念品暂时拿开——每样东西都必须很整洁。我以前见过一位摄影师的助理，在拍照时，把一条地毯上的流苏梳

* 罗伯特·休斯（1938—2012 年），《时代杂志》（*Time Magazine*）的艺术评论家。

THE LOOK OF ARCHITECTURE

整齐。这样的细心装饰和影像剪辑，让建筑物呈现出最美的风貌。同时也——并非巧合地——产生一种印象，以为经过设计的室内是独立而自成一格的。换句话说，这就是一件艺术作品。这些照片显然没有包括人像在内。人才是最令人分心的东西。

书籍和杂志里描绘的建筑物世界，其实是一个与尺度无关、自给自足的地方。人物在建筑照片中销声匿迹，可以达到几个效果。过去建筑物的比例和尺度是以人体为依据，尽管这是出于哲学上的理由，但同时确立了建筑物和人之间一种直接的关系——因此即使是非常巨大的古典建筑，也不会使人不自在。建筑摄影把人从建筑物当中去掉，这样才有可能把建筑视为无关人类的抽象艺术。现代建筑摄影非常规范，忠实传达了大多数现代建筑师的用意，除此之外，这些规矩也证实了他们的用心。人？谁需要他们？

我在写《金屋、银屋、茅草屋》（*Home: A Short History of An Idea*）这本书的时候发现，有关人们如何布置和装饰家居，最有用的历史资料往往是绘画。我指的不是把房间当成主题的画作，而是肖像画和家庭类别的场景。关于家庭类别的场景，詹姆斯·提索斯（James Tissot）的《捉迷藏》（*Hide and Seek*）就是一个例子，画中描绘四位小女孩在一间维多利亚风格的起居室里面玩耍。室内的装饰颇具异国情调——波斯地毯、中国的瓷器花瓶、老虎皮和其他的毛皮散置在家具上，五花八门地混在一起。

提索斯这位法国画家在 1871 年定居伦敦。这幅画的角落摆着一副画架，显示这是他自己的家，而整个人陷进安乐椅里面看报纸的

提索斯的《捉迷藏》，
居家生活一景，
大约在 1880—1882 年间完成。

女子，可能就是他的爱尔兰情妇。美国著名水彩画家约翰·辛格·萨金特（John Singer Sargent）在1882年完成的经典之作《爱德华·达利·波伊特的女儿们》（*The Daughters of Edward Darley Boit*），同样也画了四位女孩。小说家亨利·詹姆斯（Henry James）说这幅画是“可爱小孩之家快乐的玩乐世界”，不过很难说这些女孩子是在玩耍。她们穿着整齐的围裙、黑色的袜子和漆皮鞋，形成一幅静止的画面。场景是巴黎一间公寓里的房间，除了两个巨大的日本花瓶和一座红色的屏风以外，没有任何的装饰，显得相当时髦。

另一幅完全不同气氛的画，则是瑞典画家卡尔·拉森（Casl Larsson）1899年的游戏之作《妈妈和小天使的房间》（*Mother's and the Cherub's Room*），它被收入拉森的名著《家》（*Ett Hem*）。他妻子卧房的墙壁是白色的木板墙，粉刷后以一条上了漆的缎带花环横条作为装饰；天花板同样也是木头的，漆成绿色，再以红色饰边。妻子卡瑞林（Karin Larsson）的床和孩子的小床之间，用一幅条纹的布帘隔开。我们看到拉森的三个女儿穿着不同阶段的衣服——还有没穿衣服的。这样也很贴切，因为这迷人的场景中弥漫着自然主义和不造作的感觉。

这样的画作比现代建筑的照片更能够忠实地描绘出居家的环境。首先，这些画充满了日常生活的痕迹：外套随意地丢在椅子上；桌上有面包屑；提索斯的小女儿在地上玩耍，把地毯给弄皱了。除此之外，在这些室内画当中，建筑物只是背景，是人们活动的场所——

就和真实的人生一样。绘画也透露出室内的**气氛**（atmosphere）。例如荷兰 17 世纪的家庭画，就弥漫着布尔乔亚阶层（bourgeois）* 舒适与有礼生活的富裕气息。

一百年后，法国画家弗朗索瓦·布雪（François Boucher）描绘一个法国中产阶级的家庭，在一间用上釉的细木工和镀金线脚装饰的小房间里，人们一起在早上喝咖啡。画里有一种甜蜜的亲切感，是荷兰的室内画所没有的。英国画家亨利·沃尔顿（Henry Walton）笔下一幅同时期的室内画，是一位英国绅士在吃早餐。他姿态轻松地坐在椅子上，穿着骑马装和马靴，他的狗陪在一旁。这是一种非正式而轻松的乡间生活气氛。

我研究这些画的时候，开始发现房间和待在房间里的人之间有一定的关联。在英国的乡村住宅，桃心木家具的脚就和主人的马靴一样挺拔而朴素。在法国的沙龙里，线脚和建筑装饰上面的阿拉伯纹饰和卷曲花饰，映照着装饰女人衣裙的丝带荷叶边和男人衬衫的皱褶边。荷兰男人和女人穿着得体的黑色宽幅衣料和白色的带花边衣领，与洁净无瑕的黑白棋盘式大理石地板有异曲同工之妙。我于是相信我们装饰家居的方法，和我们打扮自己的方式，两者之间有非常密切的关系。

*〔责编注〕布尔乔亚阶层指比较富有的市民阶层、中产阶级和资产阶级。

弗朗索瓦·布雪所画的法国中产阶级生活的画像
《在小房间里喝咖啡》（*Coffee in the Closet*），1739 年。

沃尔顿，《一位英国绅士在吃早餐》

(*An English Gentleman at Breakfast*)——居家休闲的一刻，

1775 年。

服装和装饰之间的关系这么密切，主要基于三个不同的理由。首先是技术上的原因。装饰和服装一样，也包括织品在内。布帘、垂花饰和窗格的装点，用的都是丝、锦缎、缎、织锦、羊毛料、细棉布和丝绒——服装也是一样。纺织布料使用在缀锦、挂毯、地毯和垫衬以及外套和衬衫上。不可避免的，裁缝师的绣花、缝褶、打褶和镶边等技术，也会运用在装饰上。难怪家具的缘饰很像女人的裙子，而19世纪帷幔的流苏、系带和做花边用的线轴，也让人想起仕女的晚礼服。在淑女闺房里，睡床上面精致的花边布帘和波浪般的织锦，和她化妆间里的衣服非常搭配。

装饰和服装之间的联系甚至可以更加紧密，因为建筑有时候干脆就直接模仿服装。18世纪建筑物里的花环装饰，就是把男人和女人身上穿的饰带和花朵装饰给雕刻或描绘出来。古希腊人把衣裙的元素纳入神庙建筑当中。这一点在列柱廊是最明显的，建筑史学家文森特·史考利（Vincent Scully）把列柱廊比喻成“希腊步兵阵中集结的重装步兵”[2]。古典的圆柱被赋予了人类的特征，这一点是毋庸置疑的。古代的作家把柱身上垂直的凹槽比喻成“希腊长袍或外衣上的褶子”[3]。圆柱有柱头——也就是头部。多立克式（Doric）柱头的线脚有时候被画得像发带；爱奥尼克式（Ionic）和科林斯式（Corinthian）的柱头融入了雕刻的花环头饰；科林斯式柱头上弧形的卷须，看起来通常比较像头发，而不是叶子。维特鲁威其实认为科林斯柱式“女性化”，和坚毅阳刚的多立克式正好相反。沃顿爵士甚至说科林斯柱式“很淫荡”，“打扮得像个放荡的高级妓女”[4]。

科林斯柱式，沃顿认为“打扮得像个放荡的高级妓女”。

服装和装饰的第二种关联是社会关系。19 世纪 90 年代，著名的英国经济学家阿尔弗雷德·马歇尔（Alfred Marshall）谈到，人们赚的钱越多，就想吃得更好、穿得更好以及住更大的房子——既是为了追求社会地位，也是为了生活舒适。既然家居和服装是传达身份地位的老方法，这与材料的种类和用来传达社会地位的象征，其实是具有一致性的。

如果要展示家族的纹饰徽章，它们就会同时出现在墙上的圆形浮雕和法兰绒上衣的纽扣上。如果黄金受到青睐，有钱人就会打上金穗带，周围镶满镀金的线脚。如果这样被认为太俗气，其他的材料也可以作为地位的表征，如不锈钢的厨房设备和不锈钢的表带。钻石或许恒久，但时尚却不停更迭。如今皮革被认为是奢华的材料，可同时用来制作昂贵的服装和昂贵的沙发。一百年前，皮革被当成实用性的材料时，只有工人才穿皮制的围裙和背心；还有因为皮革比布料不易燃，因此只有在吸烟室和男子俱乐部才会出现皮制的安乐椅；在沙龙和客厅里，是没有这种东西的。原本只拿来裁制工人服的灯芯绒，获得中产阶级的接受以后，也出现在室内装饰里面。当下的潮流崇尚自然的服装织品——棉布、羊毛、麻布，在自然的装饰上，也有相对应的材料：外露的砖块、涂油的木材、磨光的混凝土。

就更全面的意义来看（这和摆阔的消费没有任何关系），不管家居或服装，都是价值观的传达。卡尔·拉森的家就表达出他和妻子卡瑞林两人自然主义的美学理想；詹姆斯·提索斯充满异国情调的起居室，也是基于同样的道理。不管我们是不是艺术家，我们的家就和身上穿的衣服一样，可以表达出我们是什么样的人，或至少是我们希望别人怎么看待我们：是刻板的拘泥形式或舒适的不拘礼节，极端前卫或坚守传统，波西米亚或古板保守，世界主义或纯真朴实。

墙上挂着切·格瓦拉（Che Guevara）* 的海报和刺绣的斜纹棉布外套，传达的是同一套价值观；殖民式的书架和低筒便鞋又是另外一种价值观。因此，如果衣服和装饰不协调，总会让人不知所措。在一间路易十五风格的客厅里，穿着运动衫和跑鞋，传达出的信息绝对非常混乱，就像在马里布海滩（Malibu beach）** 别墅门外的平台上，穿着一套三件式的西装。

服装和装饰的第三种关系牵涉观感的问题。建筑、室内装饰和时装设计，是三个截然不同的领域，然而我们却是用同一双眼睛来体验。不管是看服装或是装饰，我们都带着同样的视觉偏误、同样的感受、同样的品味。这种感受并非恒久不变。有时我们欣赏单纯，有时却偏爱繁复。

* 切·格瓦拉（1928—1967 年），在西方和拉丁美洲国家，被冠以“红色罗宾汉”“共产主义的堂吉诃德”等称号，是古巴社会主义革命领袖，他点燃了 20 世纪 60 年代拉丁美洲的革命火种。

** 〔责编注〕马里布海滩位于美国加州洛杉矶西北，濒临太平洋，这里拥有长达 40 千米的秀美沙滩，是世界著名的休闲风景区，吸引了无数的影视、娱乐明星和游客来此度假。同时在这里还修建了大批海滨别墅。

举例来说，17 世纪时髦的法国人就偏爱花卉的装饰和刺绣，还把用鲜花插瓶的习惯引进住家里。英国人在新古典主义复兴中期，不管是男士的服装，还是建筑物，追求的是根本的简单和节制。维多利亚时期的眼光，向往的是可能出现在背心和护墙板上的复杂花样。20 世纪初期，巴黎人在服装和装饰方面，都崇尚同样的新帝国的中心思想*。

20 世纪初的人有自己独特的鉴别力。这个时代杰出的室内设计之一，是密斯·凡·德·罗在 1928 年设计的图根哈特别墅（Tugendhat House）的主要起居空间。这栋房子坐落在捷克斯洛伐克的布尔诺（Brno）城外，外观很低调，是一栋国际风格的白色箱形建筑，但内部却令人叹为观止。公用房间都包含在一个宽敞的开放空间里。黑檀木做成的弧形墙壁是餐厅（dining room）最大的特征，一面笔直、独立的金色玛瑙墙壁，隔开了音乐室（music room）和客厅（living room）。修长的十字形支柱外覆镀铬金属，借以突显空间。东面和南面的墙壁是从楼面延伸到天花板的玻璃——为密斯·凡·德·罗著名的玻璃屋（glass house）打前锋。只要轻轻按一下按钮，一块块 15 英尺见方的玻璃就会沉入地面，更加突显出房子开放的感觉。

ф ф ф ф ф ф ф

* 知名的女装设计师保罗·波烈（Paul Poiret, 1879—1947 年）抢先拉夫·劳伦公司（Ralph Lauren）一步，在 1911 年，开了一家名为“马丁”（Martine）的室内装饰店。

我从来没有亲眼见过图根哈特别墅，只看到少数的黑白照片（这栋房子在第二次世界大战期间受到严重的损坏）。这又是一个照片难以取代实景的案例。照片传达不出生丝和丝绒帷幔那种丰富的质地，室内装饰的明亮色彩——翡翠绿的皮革和宝石红的丝绒——也完全看不出来，而且也捕捉不到各式各样奢华的材料：玛瑙、梨木、手工编织的羊毛面料、镀铬金属和（令人惊奇的）一片油地毡地面。因为从流传下来的照片中，看不到任何人的身影，于是更强化了我们的印象，以为房子是昨天才盖好的，特别是建筑师设计的家具现在还在生产。

密斯·凡·德·罗出现在一张 1926 年拍摄的照片上。地点是在德国斯图加特（Stuttgart），也就是著名的威森霍夫现代住宅建筑展（Weissenhof housing exhibition）所在地。这场展览由密斯规划，汇集了不久后被命名为“**国际风格**”（International Style）的主要鼓吹者。其中之一就是柯布西埃，这张照片里也有他。这两位即将为建筑世界带来一阵骚动的狂热分子，正一起聊得非常投入。柯布西埃叼着烟斗，戴着一顶时髦的圆顶窄边礼帽，穿着一件宽松的苏格兰粗呢短外套。四十岁的密斯看起来比实际年龄老气一点儿，戴着一顶霍姆堡翘边帽（Homburg，一种正式着装帽，帽边狭窄上卷，帽顶中央有纵向折痕），穿着深色的阿尔斯特长大衣（ulster，一种长而宽松的外套）和鞋套。这张照片把图根哈特别墅的背景脉络交代得很清楚。无论这栋空旷的房子在我眼里有多么“现代”，屋子里过的都是一种审慎而正式的生活，对我来说，这就像上蜡的胡子、霍姆

密斯·凡·德·罗戴着一顶霍姆堡翘边帽，
穿着阿尔斯特长大衣和鞋套。
柯布西埃叼着烟斗，戴着圆顶窄边礼帽。
1926 年摄于斯图加特。

堡翘边帽和鞋套一样遥不可及。只有在这个脉络下，我们才能了解密斯如何出人意料地把井然有序的简单和骄奢糜烂的豪华结合在一起。

和图根哈特别墅最南辕北辙的，就属美国建筑师查尔斯・摩尔（Charles Moore）在加州柏克利（Berkeley）山上为自己盖的周末度假屋。我在 1964 年的夏天看过这栋房子，当时度假屋已经落成两年。图根哈特别墅看起来性感而耀眼，摩尔的住宅（Moore house）乍看一下是不折不扣的田园风格，一座 26 英尺见方、盖上鞍形屋顶的小谷仓。不过这是一座优雅的小谷仓，墙壁漆成白色，大片的窗户并非沉入地面，而是像谷仓的门一样向两侧拉开到角落。在一间房的室内，摆着一座大钢琴以及沉入地面的浴缸，或许因为屋顶上的天窗是用四根扎实的塔斯干式枞木圆柱（摩尔在一个拆毁的基地上找到的）支撑，所以带着淡淡的罗马风味。起居区（sitting area）有四根类似的圆柱，支撑着第二片天窗。

我很欣赏图根哈特别墅，但没办法想象住在里面是什么样子。意思是说，我没办法想象自己竟然必须要盛装打扮，才感到怡然自得。另一方面，摩尔的住宅反映出一种比较温顺的情怀。从楼板延伸到天花板的窗户、极其简单的细部以及开放的室内空间，处处彰显出这是源自国际风格的作品。然而，用木瓦覆盖的屋顶和塔斯干式圆柱，则回头倾听古老的传统。这栋小小的建筑物尽量同时呈现出舒适、放松、象征性的以及模糊的讽刺特质。折中主义的加州场景，既休闲，又正式。换句话说，这个地方的人最适合穿苏格兰粗

密斯·凡·德·罗设计的图根哈特别墅里优雅的公共房间，1928 年。

若说密斯·凡·德·罗是正式的，那么摩尔就是一派休闲。
这是摩尔在 1962 年为自己盖的房子。

呢外套配牛仔裤，或是丝质裙配帆布平底凉鞋。

摩尔的小谷仓是一栋历史性建筑物，与罗伯特·文丘里在同一年设计的娃娜·文丘里住宅（Vanna Venturi House），共同标示出所谓“后现代主义”建筑风格的滥觞[5]。后现代主义著名的建筑物之一，就是由詹姆斯·斯特林设计，于 1984 年在斯图加特落成的新国立美术馆（Neue Staatsgalerie）。

斯特林大幅度延伸摩尔的折中主义（eclecticism），做出各种形式令人眼花缭乱的组合：一座多立克柱式的门廊，一个庄重的新古典主义侧厅，和既有的博物馆风格一致，埃及风格的弧形飞檐，色彩斑斓的俄国结构主义者（Constructivist）的入口雨篷，一面弧形的钢材和玻璃墙壁，还有直接从蓬皮杜中心剽窃过来的两个巨大的通风烟囱。气势恢弘的建筑立面是以石灰华和砂岩的横带相互交叠而成，可惜特大号的玻璃纤维栏杆看起来活像粉红色的香肠，把整个气势破坏殆尽。

我对这个设计本来不甚了解，直至亲自造访之后才明白。那是一个冬日的星期天，国立美术馆到处都是人潮——这是德国最受欢迎的博物馆之一。这下，我终于看懂了。这间博物馆兼舞厅是追求折中主义的人们最完美的场景。你想象到的每一种服装，都有人穿：休闲服、办公套装、滑雪夹克、工作服。有些人为了在星期天造访博物馆而盛装打扮，有些人则穿得很随便。斯特林生动的拼贴吸引了我们所有的人。我没有看到任何戴着翘边帽、穿着鞋套的男士，

斯特林在斯图加特设计的新国立美术馆。

折中主义的设计吸引了各式各样的访客。

如果有的话，也会很对味儿。

多年前，我陪同加拿大建筑师杰克·戴蒙德（Jack Diamond）造访他才刚刚在多伦多约克大学（York University）完成的一栋建筑物。那是一栋学生中心，一层是美食街和酒吧，二层是学生组织的办公室。大楼的外观无疑非常传统。面对着一片公共景观用地，比例匀称的建筑立面是用一个柱廊式的砖造底座支撑一排双圆柱，上面则覆盖一个深厚的铜衬飞檐。柱廊嵌上了可伸缩的玻璃镶板，天气暖和的时候可以打开；柱廊背后是一间两层楼高的大厅，光线来自三片偌大的天窗。外观的简洁让我想起了麦基姆、米德与怀特建筑师事务所，只不过少了古典的装饰品。

内部又是另外一番光景，具有许多国际风格的特征：没有装饰、光秃秃的混凝土、结构横梁外露、工厂制的格窗镶嵌玻璃以及钢管扶手。我以为是因为预算有限，再加上想使用不易耗损的建材，才会这样毫无装饰可言。我觉得这栋建筑物平凡无奇，尽管没有告诉杰克，但我非常失望。

然而，当我们在学生中心四处走动的时候，却有不同的想法。我觉得，虽然装饰既冷峻又没感情，但并不粗糙。里面有悬挂着玻璃散光器的光滑不锈钢吊灯，还有用帆布覆盖的时髦安乐椅。美食街的吧台和柜台顶都是大理石做的，餐桌则用实心的枫木制成。学生或围在桌子四周，或懒洋洋地倚在楼梯上，或整个人张开四肢躺在地上。这种气氛很难说清楚。这不是理查德·迈耶（Richard

Meier）那种讲究、全体一致的现代主义，也不是诺曼·福斯特（Norman Foster）那种刻意制造的科技魔法，当然也不是加尔文教派（Calvinist）的极简主义（minimalism）。（我常常把这种风格和许多新潮的年轻建筑师连在一起。）我一直没办法明确地说出来，直到最后才突然领悟到，这种既实用又别致的装饰，让我想起了贝纳通（Benetton）服装店里朴实无华的设计。

我刚好很喜欢学院式哥特风格的建筑物。我喜欢装了木镶板的阴暗房间、椽尾梁天花板和传统的橡木家具。可是看到约克大学的学生中心后，我发现每次我穿过这些古老的建筑物，都感到烦躁，心生不满。这和学生有关。这些年轻的男女戴着棒球帽，穿着短裤、印花运动衫和发亮的尼龙夹克，怎么看都不对劲儿。他们应该戴平顶硬草帽，穿颜色鲜艳的上衣、斜纹软呢和法兰绒裤。当然，我没有看过哪个学生——包括牛津大学的学生在内——打扮成这样。我可能是为典雅规范的沦丧而感到悲痛，但身为一名建筑师，我没办法改变这个状况。应该调整的是建筑物本身。

如果服装和装饰之间的关系很密切，这也是一种单边的关系。室内设计师和建筑师听到会大发雷霆，但服装无疑是优先的。“人们永远穿着他们想穿的衣服，”安妮·贺兰德（Anne Hollander）*

ϕ ϕ ϕ ϕ ϕ ϕ ϕ

* 安妮·贺兰德，《时装·性·男女》（*Seeing Through Clothes: Sex and Suits*）一书的作者。

DRESSING UP

如此写道，**“时尚的存在是为了不断满足欲望。”**[6]建筑师必须跟在后面跑。因为事实上一栋建筑物——不管多么实用，盖得多么好，或是多么美丽——如果不能和人们的穿着方式产生共鸣，恐怕看起来不但很落伍，还非常可笑。不管喜不喜欢，建筑是无法摆脱时尚的。

第二章

时尚与过时

IN AND OUT OF FASHION

布莱恩特公园（Bryant Park）位于曼哈顿中心，一年两度的服装秀就在这里举行。一年有两次，记者、摄影师、编辑和知名的来宾，把偌大的白色帐篷挤得水泄不通，模特儿穿着设计师的作品走上展示台。布莱恩特公园也是个观赏建筑时尚的好地方。一排 20 世纪 20 年代的优美建筑，沿着公园南侧的四十街一字排开。

首先是伊莱·雅克·康恩（Ely Jacques Kahn）设计的法国文艺复兴式办公大楼，最早是《科学美国人》（*Scientific American*）的总部。这栋大楼的邻居是庄严的古典工程师俱乐部（Classical Engineers Club）。接下来是一栋显得年轻叛逆的建筑物，雷蒙德·胡德（Raymond Hood）的美国暖炉大厦（American Radiator Building），其镶金边的黑砖在这条街独树一帜。查理·理奇（Charles Rich）的布莱恩特公园大厦（Bryant Park Studios）是镀金时代（Gilded Age）* 末期一座优雅的“遗迹”，位于四十街与第六大道的交叉口。面向北方的大片窗户和镶上玻璃的阁楼让我们不禁想起，这栋大楼原本是为艺术家而设计的。

布莱恩特公园大厦的建筑风格，原本叫作“现代法国风”（French Modern），现在一般称为“巴黎美术学院派风格”（Beaux-Arts），

ф ф ф ф ф ф ф

*〔责编注〕“镀金时代”来源于 1873 年马克·吐温所著的《镀金时代：今天的故事》（*The Gilded Age: A Tale of Today*）。这一时期从 19 世纪 70 年代至 90 年代，在这期间美国经济飞速发展，大量修建铁路、工厂、银行、矿山，工业逐步实现现代化，西部农业蓬勃发展，美国经济呈现一片繁荣景象。

布莱恩特公园以及纽约公共图书馆南侧的大厦群，沿着四十街一字排开。正中央是黑色的美国暖炉大厦。

表彰具有深远影响力的巴黎美术学院（Ecole des Beaux-Arts in Pairs）。从理查德·莫里斯·亨特（Richard Morris Hunt）开始，19 世纪下半叶，许多美国最杰出的建筑师都是巴黎美术学院的毕业生。亨利·霍布森·理查森（Henry Hobson Richardson）和他的门生查理·福伦·麦基姆（Charles Follen McKim），还有麦基姆的助理约翰·默文·卡里尔（John Merven Carrère）和汤姆斯·哈斯丁（Thomas Hastings），也都是该校的校友。纽约公共图书馆（New York Public Library）俯瞰布莱恩特公园的东侧，正是卡里尔和哈斯丁这两位建筑师的作品。狭长的窗户象征一排排的书架，书架上方的九扇半月窗，显示出宽敞的阅览室。按照典型的艺术风格，建筑立面要极力显示出雄伟的气派和冷静的理性，只不过墙壁高处有一排很古怪的小门，不但没有阳台，连栏杆都没有，直接通往半空中。在图书馆工作的一位朋友表示，这些奇怪的高空出口是为了把员工给丢出去，为这个宏伟的大理石立面提供了一个异想天开的注脚*。

在公园西侧的第六大道，矗立了一排 20 世纪 70 年代简单利落的办公大楼。其中最巨大的就是纽约电话公司大楼（New York Telephone Company Building），以灰色调的玻璃和垂直的长条大理石构成的立面，看起来平淡无味，占据了从四十一街到四十二街

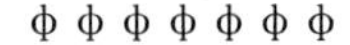

* 我没办法搞清楚纽约公共图书馆墙壁高处的小门之功能。这些门可以打开，但如果说是为了通风或是配合未来的扩建，这种解释不具有说服力。

的街区。公园北侧最醒目的建筑物是SOM建筑师事务所(Skidmore, Owings & Merrill)的戈登·邦沙夫特(Gordon Bunshaft)在1972年设计的高达50层楼的威廉·拉塞尔·格雷斯大厦(Willian Russell Grace Building)。陡斜的石灰华立面似乎是受到了巴西利亚(Brasília)建筑物的启发。毫无特色的平板玻璃塔楼以及砖石与殖民地风格镶边的箱形建筑，掩盖了这一点灵光一闪的热带气息。这些商业办公大楼兴建的时间相隔了五十年，但同样对建筑保持着可悲的机能主义取向，只有开发商才会喜欢这种根本是现成的建筑物。

从布莱恩特公园也可以遥望曼哈顿两栋最显眼的摩天大楼：克莱斯勒大厦(Chrysler Building)和帝国大厦(Empire State Building)。克莱斯勒大厦当初原本是一栋投机型的办公大楼。1927年，美国建筑师威廉·范·阿伦(William van Alen)受到不久前的巴黎装饰艺术展影响，以后来称为"装饰艺术"(Art Deco)的风格，设计了一栋摩天大楼。

在平面图完成，但尚未动工之前，汽车业巨子沃尔特·伯希·克莱斯勒(Walter Percy Chrysler)把设计图和建筑基地一并买下。克莱斯勒想用这栋大厦当作他公司的告示牌。范·阿伦乐得再加上鹰头滴水嘴(车盖上的装饰)、有翅膀的水箱盖、钢毂盖的雕带以及让人联想到汽车踏板的黑砖。大楼最独树一帜的特征，就是不锈钢的尖塔，里面的彩云俱乐部(Cloud Club)是克莱斯勒主管的私人餐厅。如今，夸张华丽的克莱斯勒大厦是爵士时代（Jazz Age）一个公认的精彩标记，不过大楼并不是一推出就普获好评。当年兴建的时候，所有人都批判这是一座轻浮和俗气的建筑物。《纽约人》（*The New Yorker*）杂志嘲讽它是“一个哗众取宠的设计”；《纽约时报》（*New York Times*）同样讥笑这栋建筑物露骨的商业主义。

克莱斯勒大厦享有世界最高建筑物的美誉——几个月之久，直到帝国大厦后来居上。虽然和克莱斯勒大厦同时间设计，帝国大厦在外观上却和前者大相径庭。大楼的外部是建筑上的“灰色法兰绒西装”，没有任何装饰可言。朴素的石灰石墙壁，连传统的飞檐都付之阙如；铬镍钢的直棂从六层一路往上延伸，直达八十五层，更加突显出大楼的高度。奥地利建筑家阿道夫·鲁斯多年前曾经宣称“装饰就是罪恶”（ornament is crime），不过帝国大厦朴实无华的外观，更应该归功于加速的施工进度——工程建设还不到十八个月——而不是建筑的意识形态。

事实上，摩天大楼的建筑师都自认为是传统主义者。李奇蒙德·哈罗德·雪瑞夫（Richmond Harold Shreve）原本在卡里尔与哈斯丁建筑师事务所（Carrère & Hastings）旗下，参与纽约公共图书馆的工程，在那里认识了刚从巴黎美术学院毕业的威廉·兰姆（William Lamb）。后来卡里尔在一次车祸中不幸去世，哈斯丁又退休了，雪瑞夫和兰姆就把事务所接手过来（有好几年的时间都称为“卡里尔与哈斯丁、雪瑞夫与兰姆建筑师事务所”），最后和他们一同参

克莱斯勒大厦，
曾经被讥笑是“一个哗众取宠的设计”，
如今被认为是装饰艺术的杰作。

与大都会美术馆（Metropolitan Museum of Art）建筑案的亚瑟·鲁姆斯·哈蒙（Arthur Loomis Harmon），也加入他们的行列。尽管——或应该说正因为——他们有扎实的古典渊源，雪瑞夫、兰姆和哈蒙设计出一栋比例完美的建筑物，成为全球最著名的摩天大楼。

帝国大厦有个别出心裁的小地方。按照最后的平面图，这栋摩天大楼的八十五层，即 1 050 英尺高处应该是一个平屋顶，经过精确的计算，将比克莱斯勒大厦的尖塔高出 2 英尺。后来在动工之前，业主认定 2 英尺还不够，下令建筑师在大厦顶上再增加一座 200 英尺高的塔*。

这不仅是一座装饰性的尖塔，也是具有实用功能的现代象征，是一座供飞艇停泊之用的系留塔。这样一来，长达 1 000 英尺的飞船，就不必把来自大西洋彼岸的旅客，降落在新泽西州的莱赫斯特（Lakehurst），而是直接飞到曼哈顿，只要把飞船系在帝国大厦顶端就可以了。旅客在观景台上下艇，再搭乘电梯下到八十六层的酒吧区和海关区。

许多专家都怀疑这个想法是否可以落实，连齐柏林飞艇（Graf Zeppelin）的指挥官雨果·艾克纳（Hugo Eckener）都不以为然。这

* 帝国大厦高 1 250 英尺——相当于一〇二层楼——一直是全世界最高的大楼，直到 1972 年建成世贸中心的双子大厦。

帝国大厦尖塔上面是一根广播天线。
这个尖塔原本打算作为供飞艇停泊之用的系留塔。

么笨重的庞然大物要在地面停泊就已经够困难了，更别说是在 1 250 英尺的高空。最后证明专家的看法是对的，至今还没有半个飞艇的乘客曾经降落在帝国大厦顶上[1]。然而铝铸的扶壁和亮晶晶的圆锥顶，让这座状似火箭的尖塔成为这栋相当严谨的摩天大楼完美的花哨顶冠。

环绕布莱恩特公园的 20 世纪 70 年代办公大楼，顶端没有任何稀奇古怪的东西，仿佛是被建筑师一时心血来潮砍了下来："我可以盖四十层，或四十二层，或四十五层。只要告诉我什么时候停下来就行了。"菲利普·约翰逊为 AT&T 大楼顶层设计了一个齐本德式*的三角楣饰，后来在布莱恩特公园周围兴建的摩天大楼，无疑受到了激励，才打造出比较活泼的顶冠。

第五大道一栋后现代高层建筑，用圆圈和方块装饰的斜坡屋顶睥睨着公共图书馆。贝塔斯曼大厦（Bertelsmann Building）的顶端是一座修长的尖塔。新的康德·纳斯特办公大楼（Condé Nast office tower）屋顶上面的造型设计备受争议，看起来活像是喇叭音箱。比起 20 世纪 20 年代的大厦更夸张花哨的顶冠——新哥特式的尖塔、仿罗马式的瓷砖屋顶、铜制圆顶——已经算相当温和了。第五大道

*托马斯·齐本德（Thomas Chippendale, 1718—1779 年），18 世纪英国家具大师，其家具具有优美的外廓和华丽的装饰等。

500 号（在第五大道和四十二街的交叉口），是雪瑞夫与兰姆建筑师事务所（Shreve & Lamb）在帝国大厦之前所设计的作品，大楼的五十八层楼不断夸张地往后退，一直退到大楼最顶端为止。长而尖的锻铁尖饰，让《科学美国人》大楼（Scientific American Building）古堡般的屋顶活了起来。美国暖炉大厦的顶冠，是黑砖加上镀金和红色强光所勾勒出的生动轮廓。按照雷蒙德·胡德的说法，这种戏剧化的效果（在夜晚打上泛光），仿佛就是“一堆顶上熊熊燃烧的黑炭”。

胡德是 20 世纪 20 年代杰出的商业建筑师。他跟约翰·梅迪·霍尔斯（John Mead Howells）以卢昂大教堂（Rouen Cathedral）的黄油塔（Butter Tower）* 为蓝本，所提出的精彩哥特式设计，在芝加哥赢得了著名的《芝加哥论坛报》大厦（Chicago Tribune Tower）的国际竞赛。这次竞赛为他们带来了好几个纽约的案子，包括美国暖炉大厦、《每日新闻》大厦（Daily News Building）和麦克劳·希尔大厦（McGraw-Hill Building）。

胡德借着这些设计图，发展出美国设计摩天大楼的独特手法，影响了范·阿伦和一整代的摩天大楼设计师：高楼大厦被视为尼采所谓的“企业力量的象征”，或者说得世俗一点，就是用建筑物来

ф ф ф ф ф ф ф

*〔责编注〕相传卢昂大教堂的雄伟尖塔是人们用节省下购买黄油的钱修建起来的。

雷蒙德·胡德和约翰·梅迪·霍尔斯设计的《芝加哥论坛报》大厦，是最后一栋哥特式摩天大楼，在一场引起激烈争论的竞赛中，打败了国际风格的设计。

打广告。胡德曾经指出，既然现代的办公大楼在二十年就可以分期付款购买，建筑师就有机会大胆放手实验。《每日新闻》大厦是一座结实的尖塔，垂直的一条条砖石和玻璃交错。他的最后一栋摩天大楼麦克劳·希尔大厦，是以蓝绿色呈现的国际风格，最后还把公司的名字用百老汇风格的巨大字体写在大楼顶端。

胡德同时也是负责洛克菲勒中心（Rockefeller Center）的建筑师团队中最重要的设计者之一。像悬崖一般的洛克菲勒大厦楼高七十层，从它的中央塔楼，可以感受到胡德的影响力。这栋中世纪垂直线条的 20 世纪抽象版本，是纽约最引人入胜的建筑物，从 1934 年竣工至今，一直无人能敌。

布莱恩特公园记录了一百年来不断更迭的建筑潮流。建筑物有时被形容是“超越时代的”（timeless），仿佛这就是对建筑物最高的赞美。这真是胡说八道。像克莱斯勒大厦、纽约公共图书馆、洛克菲勒大厦之所以出类拔萃，正因为它们是时代的产物。这是看待历史建筑物所带来的乐趣之一。它们反映了古老的价值观和逝去的美德：纽约公共图书馆的自信、克莱斯勒大厦充满欢乐的积极精神、洛克菲勒大厦的稳健风范。就连格雷斯大厦那种淡而无味的傻气，也让我们想起过去某一个年代天真的乐观主义。

正因为如此，古老的建筑才弥足珍贵，我们也才愿意拼命把它们保存下来。不只是因为这些建筑物在我们眼中有多么美丽，或多么有意义，也因为这些建筑物提醒着我们过去的面貌以及我们可能

楼高七十层的洛克菲勒大厦，是洛克菲勒中心最重要的建筑物。

又会变成什么样子，因为古老的建筑也是灵感的来源。古罗马的遗迹启发了文艺复兴时期的建筑师。文艺复兴时期意大利的大宅邸，是麦基姆灵感的来源。对于麦基姆所设计的宾州车站（Pennsylvania Station）的记忆，又启发了SOM建筑师事务所的戴维·柴尔兹（David Childs），他把麦基姆设计的旧邮政局大楼改建成费城规划中的火车总站。

有时候古老的建筑物带给我们启发，有时则刚好相反。看着古老的建筑物，我们禁不住自问："那些人脑子里到底在想什么啊？"举例来说，对于20世纪60年代那些大胆的公共建筑，我就实在提不起兴趣。林肯中心（Lincoln Center）落成至今已经超过四十多年了，足以让建筑物变得稳健而老练，然而我对于盖了柱廊的怪物仍旧提不起丝毫的兴趣。在一个屋顶下塞三个剧院的点子，想必曾经令人非常激赏，不过等我造访华盛顿的肯尼迪中心（Kennedy Center）时，举目所及，只看到那些大而无当的大厅里绵延不绝的红地毯。不过谁知道呢？或许有一天，某一代的子孙会在其中发现我看不出来的优点。

肯尼迪中心一开始就饱受批评。不过，在1932年开幕的——在经济萧条期间——无线电城音乐厅（Radio City Music Hall）的室内装饰让人看得目不暇接，所以一推出就大受欢迎。无线电城成为全美最著名的剧院；"火箭女郎"（the Rockettes）则是最出名的歌舞团；"来自无线电城的现场报道"，也是最著名的新闻发稿地点。

20 世纪 50 年代末期，我还是个小男生，跟着父母一起到纽约游玩，无线电城是当年非去不可的观光景点。我不记得在建筑系求学期间，从无线电城的设计中学到了些什么。根据教我国际风格的老师所秉持的极简艺术标准，那里丰富的材料、耀眼的色彩，还有戏剧性，都使它丧失了成为一件建筑作品的资格（更别说那是一个技术精良的“娱乐机器”）。无线电城是被人嗤之以鼻的低俗玩意儿。

到了 1978 年，无线电城已经失去了昔日风采，洛克菲勒中心的业主决定拆掉这栋古老的音乐厅。全靠古迹保存人士的努力奔走，音乐厅才逃过了被拆毁的命运，而成为纽约市的地标。如今二十多年过去了，经过能工巧匠的修复之后，焕然一新的无线电城再度取得了建筑经典的地位。

无线电城音乐厅提醒我们：改变的不是建筑物，而是建筑的时尚潮流。在这个年代令人激赏的建筑物，到了下一个十年，就算不是十分难看，至少也会显得俗不可耐——或是乏味不已。拆毁古老建筑物的动机，可能是基于私利或完全的商业主义（commercialism），但也可能是为了贪图新鲜，就像女人的帽子。建筑物也是这么回事，请柯布西埃见谅。

★ ★ ★

无线电城音乐厅的舞台。

无线电城在 1932 年开放，曾经依序被评价为华丽、低俗和经典。

时尚越来越容易——而且很狭隘地——变成一个和女性的时装连在一起的用语，例如“时尚设计师”（fashion designer）或是“时尚工业”（the fashion industry）。《牛津英语词典》对“时尚”的定义比较宽松，是“一个社会目前采用的服装、礼仪、家具、说话风格等的方式”。人们必须剪发、吃东西、穿衣服、装饰家居——时尚会影响他们做这些事情的方法。按照法国史学家费尔南·布罗代尔（Fernand Braudel）的说法，时尚会影响大大小小的每一件事情。“同样影响到观念和服装、流行用语和卖弄风情的姿态、餐桌上接待的礼仪、书信封笺的用心。”[2]我们没有理由认为建筑可以“免疫”。

如果风格是建筑的语言，时尚代表的是塑造和指导那种语言的广泛的——让人眼花缭乱的——文化潮流。哥特式建筑在12世纪起源于法国，并且在欧洲流行了三百年，运用在大教堂以及威尼斯的总督府（Doge's Palace）和伦敦的威斯敏斯特厅（Westminster Hall）等经典的世俗建筑。意大利大型晚期哥特式建筑之一，是1385年动工的米兰大教堂（Milan Cathedral）。这座教堂的规模非常庞大，连半球形拱顶（domical vault）和十字交叉部分（crossing）都一直等到五十五年以后，才由建筑大师布鲁内列斯基（Filippo Brunelleschi）着手兴建。那个时候，文艺复兴运动正方兴未艾，这要归功于布鲁内列斯基在佛罗伦萨建造的孤儿院（Foundling Hospital），这是公认的第一座依照复兴的古典风格设计的建筑物。

随着希腊和罗马古典主义的再发现，哥特式显然已经跟不上潮流了。古老的建筑物被保存下来，但已经没有人欣赏。克里斯托弗・雷恩爵士（Sir Christopher Wren）* 描绘哥特式建筑是“一种天马行空和无法无天的建筑方法”。由于这种普遍性的不满，哥特式成为人们眼中一切狂放、野蛮或粗糙的代表。

18 世纪中期，“哥特”这个用词再度出现，但已经从建筑转移到文学的领域。哥特式小说的故事通常发生在古老的中世纪，包含纯属想象和超自然的元素。在《诺桑觉寺》（*Northanger Abbey*，又名《愤怒的南方修道院》）这本小说里，简・奥斯汀（Jane Austen）笔下的女主角沉迷于这一类的书籍，花许多时间“沉浸在奥多芙（Udolpho）的书所激发的高亢、不安、恐惧的想象中”。简・奥斯汀指的是安・拉德克里夫（Ann Radcliffe）的《奥多芙的神秘》（*The Mysteries of Udolpho*），它是当时最受欢迎的哥特派小说之一，这本书的背景是亚平宁山脉一座神秘的城堡。这样的环境——修道院、地牢、城堡——从霍勒斯・沃波尔（Horac Walpole）的《奥特兰托城堡》（*The Castle of Otranto*）开始，一直是哥特派故事里的主要背景，这本书在 1764 年出版，是公认的第一本哥特派小说。

ф ф ф ф ф ф ф

* 克里斯托弗・雷恩爵士（1632—1723 年），英国建筑师，同时也是数学家和天文学家。

简·奥斯汀在她的小说里讥笑这类文体。书名里面的修道院不是意大利一间闹鬼的废墟，而是英格兰格洛斯特郡（Gloucestershire）一栋改建的中世纪建筑，外加上现代的壁炉、舒适的家具和其他居家设施。这提醒我们，到了撰写《诺桑觉寺》的1798年，哥特派的时尚已经把建筑包含在内。沃波尔也正是这个潮流的倡导者。18世纪50年代，他已经展开了一个扩建草莓山（Strawberry Hill）的建筑方案，也就是他在伦敦附近，泰晤士河畔的别墅。

虽然同时代的人都遵循英国建筑师罗伯特·亚当（Robert Adam）与詹姆斯·亚当（James Adam）兄弟*推广的精致古典风格，兴建宏伟的房舍，年轻的沃波尔有独立的思考模式，就是从别处寻找灵感。他大学时，就读于剑桥的国王学院（King's College），非常欣赏学院中具有绝佳哥特式风格的礼拜堂。他这栋房子的外观，有着中世纪城堡的城垛。内部结合了历史主义（historicism）和嬉闹式的折中主义（eclecticism）。用模仿圣坛隔屏的花样来装饰房间——窗户镶的是彩绘玻璃，天花板则是由混凝纸浆制成的扇形拱顶。沃波尔大量收集的历史和现代书籍、绘画和奇珍异宝，也都混入其中。

* 亚当兄弟，罗伯特（1728—1792年）与詹姆斯（1730—1794年），18世纪英国伟大的建筑师，纤巧华丽的新古典主义亚当式装饰风格的创始者。

沃波尔是第四代的奥尔福德伯爵（Fourth Earl of Orford），他用了毕生的心血来扩建他的房子，最后增建了一个回廊、一道长廊和一座塔。他身为作家和公众人物，和欧洲各地许多文学和艺术界的朋友都有书信往来，草莓山的哥特式设计在行家之间声名大噪（也成了观光景点，这令沃波尔悔恨不已）。这下子，建筑师和他们的业主都把中世纪的建筑物当成灵感的来源，正如同他们也曾经从古希腊和罗马取经。哥特式风格成为兴建乡村住宅的一种现成的替代方案，尖拱也出现在室内装饰和家具上。哥特式风格再度流行了起来。

这股对中世纪重新恢复的兴趣，其实是很复杂的，因为时尚很少是单一范围的。哥特式对不同的人有不同的意义（有时对相同的人也有不同的意义）。阴森的哥特派小说吸引读者。中世纪的建筑物迎合了当时对浪漫与别致的喜好。歌德在 1772 年谈论斯特拉斯堡大教堂（Strassburg Cathedral）的一篇文章里，指出了方向；他自认是“对哥特式装饰中任意纠结缠绕之死敌”，却发现自己被这座建筑物的雄伟与神秘所折服，他形容这是“一座最崇高、宽大拱形的上帝之树”。

另一方面，法国建筑理论家维奥莱–勒–杜克（Eugène Viollet-le-Duc）被他所谓“哥特式建筑的理性主义”所吸引。在英国和他旗鼓相当的建筑理论家乔治·斯科特（George Scott）认为哥特式建筑比古典建筑更“现代”，因此更适合作为建筑师的典范。负责

沃波尔在草莓山住宅的霍尔班室（Holbein Room），
是哥特式建筑在 18 世纪末复兴最早的例子之一。

兴建英国议会大厦[*]的奥古斯特·维尔比·普金（Augustus Welby Pugin）认为哥特式建筑具有一种道德特征。他认为中世纪建筑是基督教文明的理想，正如同希腊和罗马被奉为古典——不过是异教徒的——文明的摇篮。

约翰·拉斯金（John Ruskin）[**]也认为哥特式建筑是一种道德力量，不过因为他也热爱着威尼斯，于是色彩斑斓的拉斯金式哥特建筑，就有了许多意大利的色彩。这种不协调性特别明显，尤其在英国（在法国和德国也有），因为认为哥特式风格是本土的产品——和地中海的古典主义正好相反。这是哥特式建筑在文化上的另一种魅力：在欧洲北部民族主义逐渐高涨的时代，这很容易提供一种“民族”风格。

哥特式建筑在北美洲受欢迎的程度，有过之而无不及。加拿大人为自己的国会大厦挑选了一位英国建筑师和哥特式风格，国会大厦充满戏剧性地矗立在俯瞰渥太华河的悬崖上。亲英国的美国人兴建学院式哥特风格的校园、哥特式的教区教堂和华盛顿一座哥特式国家大教堂。热衷于哥特式盛期建筑的拉尔夫·亚当斯·克拉姆

ф ф ф ф ф ф ф

★ 关于英国议会大厦的兴建：1836 年，古典主义建筑师查理·巴里爵士（Sir Charles Barry, 1795—1860 年）受命设计，1840 年动工，之后在其儿子爱德华·弥尔顿·巴里（Edward Middleton Barry）主持下完成。浪漫主义建筑师普金则被任命为巴里爵士的助手，负责把这栋建筑物装饰成哥特式风格。

★★ 约翰·拉斯金（1819—1900 年），英国作家、艺术家、艺术评论家及社会理论家，其写作和哲学对艺术与手工艺运动有深远的影响。

加拿大国会大厦也选了哥特式风格。

（Ralph Adams Cram）负责为纽约市的大教堂——圣约翰大教堂（Church of St.John the Divine）——打造中殿和西侧立面，这也是全球最大的哥特式建筑物。克拉姆的合作伙伴贝特伦·古德西（Bertram Goodhue）在西点军校采用了比较广义的哥特式风格；兴建伍尔沃斯大厦（Woolworth Building）——号称“商业的大教堂”（Cathedral of Commerce）—— 的卡斯·吉尔伯特（Cass Gilbert）也一样。那时候，哥特式建筑的文化特质逐渐消失。胡德在 1924 年完工的《芝加哥论坛报》大厦，属于最后几座以哥特式风格设计的重要建筑。

哥特式风格——到目前为止——还没有重新成为时尚。保罗·鲁道夫（Paul Rudolph）刚出道的时候，为威斯理学院（Wellesley College）设计了一栋建筑物，试图在建筑上和周遭学院式哥特风格的环境连成一气。这是他的第一件大型委托设计案，结果并没有成功。“威斯理学院让我备受挫折，”鲁道夫事后回想，“我的下一栋建筑物，又回到了国际风格。”[3] 埃罗·沙里宁（Eero Saarinen）在瓦萨尔（Vasser）盖了一间哥特式的宿舍。菲利浦·约翰逊和约翰·伯奇（John Burgee）在匹兹堡设计了一栋灵感源自哥特式建筑的摩天大楼，是英国议会大厦的一个巨大的抽象玻璃版本。这是约翰逊和伯奇在 20 世纪 80 年代所做的几个风格性的尝试，其中还包括了在纽约以齐本德式三角楣饰为顶冠的摩天大楼、达拉斯一栋法国乡村风格的高层建筑和芝加哥一栋新伯恩翰式（neo-Burnhamesque）的大厦。这些建筑物都欠缺信念，所以只能算是差强人意。

摩西·萨夫迪（Moshe Safdie）在渥太华盖的加拿大国家艺廊（National Gallery of Canada）是一件比较成功的作品。他用一个晶莹剔透的钢材与玻璃结构，模仿邻近的国会大厦中哥特式的国会会议厅兼图书馆。不过这是萨夫迪作品中，一个绝无仅有的插曲，而哥特式形式从此不曾出现在他的建筑物当中。

如今证明古典风格更历久不衰。这和它杰出的适应能力有关。无论是英国统治印度的行政中心，或是为宾州火车公司设计车站，总可以从古典传统中找出可行的解决之道。古典风格的文化意涵比哥特式风格更加丰富；不只包括希腊和罗马的古文明，还有文艺复兴时期的人文主义、17 世纪巴黎的耀眼风华、乔治王时代伦敦的优雅以及英国乡村住宅的舒适。在二战刚结束后，因为在纳粹德国和斯大林主义的苏联蔚为风尚，壮观的古典建筑还成了独裁专制的象征*。

如果 19 世纪的英国建筑师把哥特式建筑视为一种国家风格，那么起源于美利坚合众国初期的古典主义，大可以称为“美国的国家风格”。这在华盛顿特区最为明显。除了曾经和维多利亚时代的哥特风格（史密森尼博物馆〔Smithsonian Institution〕）及以机能

*〔责编注〕这只是作者个人的观点。

主义为主导的现代主义（美国国家航空与太空博物馆〔National Air and Space Museum〕）短暂地"眉来眼去"以外，自从兴建了帕拉迪奥式的白宫开始，古典主义一直是联邦建筑的主流。

华盛顿的古典主义已经呈现出许多面貌，从杰斐逊纪念馆（Jefferson Memorial，一个小型的万神殿）到极为抽象的美国联邦储备委员会大楼（Federal Reserve Board Building）。联邦三角地（Federal Triangle）和最近的罗纳德·里根国际贸易大厦（Ronald Wilson Reagan Building），则是古典传统的现代诠释。

华盛顿的建筑物虽然有时会让外国观光客发出惊叹之声，但大多数的美国人却早已司空见惯，因为简化的古典主义在美国很受欢迎——就是所谓的"美国殖民时期风格"（American Colonial Style），更正确的说法应该是"美国乔治王时期风格"（American Georgian）。一百年来，在家具布置、室内装饰以及最重要的房屋设计上，这是美国家居时尚的主流。

我们应该可以确定美国殖民时期风格源于什么时候。1874 年 1 月，《纽约建筑素描簿》（*The New York Sketchbook of Architecture*）正式创刊。主编是一位叫查理·福伦·麦基姆的年轻人。麦基姆写道，这本杂志出版的目的是用素描和照片来记录"我国在殖民和革命时期兴建的许多如今业已乏人问津的建筑物，所散发出的美丽、古典、诗画一般的特征"。麦基姆与他的新搭档威廉·米德（William Mead）和斯坦福·怀特（Stanford White），曾多次到新英格兰写生。这些人是设计师，不是古迹保护主义者，他们的兴趣是从古老的建筑中寻找灵感。白色的护墙板、黑色的窗门和有三角楣饰的门廊，开始出现在麦基姆、米德与怀特建筑师事务所设计兴建的房子里。

1876 年，建国百年的庆典让美国民众注意到他们祖先的历史。在实用的层次上，朴素、舒适的殖民时期风格非常适合普通的居家品位，也可以轻而易举地——而且不需要花多少钱——运用到小房子里。一直到 20 世纪 40 年代，美国殖民时期风格一直走在时尚的尖端，并以简化的形式——鳕鱼角小屋（Cape Cod cottage）——出现在战后的纽约州利维顿城（Levittowns）。虽然护墙板是尼龙材质，圆柱的材料是聚苯乙烯，而压制的金属门窗是象征性大于实质，这种风格依然延续至今，从来没有中断过。

“《芝加哥论坛报》大厦和美国暖炉大厦都属于‘垂直的’风格，或是所谓的‘哥特式’，这纯粹是因为我刚好设计成这个样子。”胡德曾经语带轻浮地这么解释，“如果在设计的时候，我迷上的是意大利钟楼或中国宝塔，我想设计出来的构图就是‘水平的’。”[4]胡德和其他的建筑师一样，不太愿意讨论风格的问题。他并没有解释当初到底是什么让他“迷上了”哥特式建筑。

胡德在这方面的兴趣出现得很早：胡德在麻省理工学院念大三时——他后来也在巴黎美术学院就读——论文写的就是一间哥特式风格的教堂；他的第一个老板是哥特风格崇尚者拉尔夫·亚当斯·克拉姆；胡德还曾协助贝特伦·古德西进行西点军校的工程。后来，

纽约州利维顿城的一栋房子，当地大量生产的鳕鱼角小屋风格。

胡德偶然会回到哥特式的风格，特别是在宾州斯克兰顿（Scranton）气派不凡的共济堂（Masonic Temple）和苏格兰仪式大教堂（Scottish Rite Cathedral），但他从来没有解释是什么破除了这种魔力，使他走向更抽象的风格。

和任何成功的建筑师一样，胡德对他改变的时间有强烈的敏锐度。我们很容易误解这种变化的性质。《每日新闻》大厦和洛克菲勒大厦的抽象特征，和新科技或机能的改变没有关系。那些建筑物并不比《芝加哥论坛报》大厦更“现代”，后者有滴水嘴和飞扶壁，但在规划和科技上是很进步的大楼。事实上，就机能而言，胡德的哥特式设计胜过了埃利尔·沙里宁（Eliel Saarinen）在竞赛中得到第二名的作品。

驱使美学不断改变的原因，并不是实用和坚固，而是时尚。公众喜欢比较简单、前瞻性的设计，而国际风格只是其中的一种表现而已。装饰艺术、流线型现代风格和朴素的古典主义，同样是品位变更的证据。20 世纪 30 年代的许多工业产品，展现出同样的时髦简约：美国工业设计之父雷蒙德·罗维（Raymond Loewy）设计的曲线形的冷点冰箱（curvilnear Coldspot refrigerator）、沃尔特·达文·提格（Walter Dorwin Teague）大受欢迎的柯达布朗尼相机（Kodak Brownie camera）、亨利·德雷福斯（Henry Dreyfuss）的贝尔电话（Bell telephone）、罗维重新设计的可口可乐瓶子和时髦的 Zippo 打火机。

中世纪发明哥特式风格的人，同样也受到时尚的影响。12 世纪，欧洲大教堂的兴建者舍弃了经过千锤百炼的圆拱，转而采用尖拱。

这个改变没办法用机能或结构的需求来解释，因为尖拱在结构上带来的优势微乎其微；而英格兰达勒姆大教堂（Durham Cathedral）和其他宏伟的仿罗马式教堂显示，圆拱的兴建技术有绝对的能力来打造高耸的中殿。大教堂的兴建者显然在尖拱中找到了某种美感，不但作为结构形式之用，还用在花格窗、木镶板，甚至是唱诗席的家具或礼拜仪式的装饰用品上。

“〔哥特式风格〕被当成一种必要的元素，不是因为它真的不可或缺，而是因为尖拱引发了奇想的色彩，是时代的思维所渴望的。”约翰·萨默森（John Summerson）* 做出这样的解释，“它刻意毁掉圆拱的准则，圆拱已经变成一场梦魇和无聊的玩意儿。”[5] 奇想的色彩？无聊的玩意儿？这时候德高望重的建筑史学家说起话来，仿佛是《哈泼时尚》（*Harper's Bazaar*）的时尚批评家。

建筑的声望和建筑一样，都受到时尚的左右。雷蒙德·胡德、伊莱·雅克·康恩（Ely Jacques Kahn）和拉尔夫·沃克（Ralph Walker）**，这三个身材矮小的人，被《纽约人》杂志封为“建筑界的三个小拿破仑”（Three Little Napoleons of Architecture）。他们在 20 世纪 20 年代意气风发的事业，被经济大萧条拦腰斩断——

* 约翰·萨默森（1904—1992 年），英国 20 世纪建筑史学家泰斗。

** 拉尔夫·沃克（1889—1973 年），华尔街欧文信托公司大楼（Irving Trust Company Building）的建筑师。

尤其是胡德，他在 1934 年辞世，享年只有五十三岁。洛克菲勒中心继续受到民众的景仰，但由于胡德对于设计工作总是抱着随心所欲的态度，因此被现代主义的建筑史学者给边缘化了。

这些人一直不能原谅他不只打败了沙里宁，还有阿道夫・鲁斯、布鲁诺・陶特（Bruno Taut）*，甚至是沃尔特・格罗皮乌斯（Walter Gropius）这种欧洲的前卫主义者，而且赢得了《芝加哥论坛报》大厦的竞赛。然而，让我比较胡德的洛克菲勒大厦和格罗皮乌斯的泛美大厦（Pan Am Building）**，到底谁是更具有创意的设计者，答案几乎毫无疑问。

看着那座巨石柱既无魅力又不优雅地高居公园大道之上，我们很容易就忘了，格罗皮乌斯一度被誉为“20 世纪伟大的建筑师之一”。关于建筑的记忆可能变幻无常。托马斯・尤斯蒂科・沃尔特（Thomas Ustick Walter）并不是什么家喻户晓的名字，但他应该享誉全球才对——他是美国国会大厦圆顶（U. S. Capitol dome）的建筑师，算是美国民主制度最有力的象征之一。由亨利・培根（Henry Bacon）所设计的林肯纪念堂（Lincoln Memorial），是另外一座著名的建筑雕像。纪念堂才揭幕了两年，培根就在 1924 年去世，因此

ф ф ф ф ф ф ф

* 布鲁诺・陶特（1880—1938 年），德国建筑师，曾任教于包豪斯学校，日本近代建筑的启蒙导师。

** 泛美大厦，现在为大都会保险公司大厦（MetLife Building）。

并没有亲眼看见他跟随麦基姆学习的古典主义被时尚淘汰。至少格罗皮乌斯和培根生前一直饱受赞誉。

爱德华·杜雷尔·斯通（Edward Durrell Stone）这位国际风格的青年才俊，在一个简朴风格当道的时代，很不合时宜地对装饰深感兴趣。虽然他的确接到了大型的委托方案（包括肯尼迪艺术中心〔Kennedy Center for the Arts〕），最后就算没有遭到揶揄，也落得被世人忽略的结局。20 世纪 60 年代中期，保罗·鲁道夫算是国内最被看好的年轻建筑师。他在耶鲁大学打造的那一座气势雄伟的纪念碑式的艺术与建筑大楼（Art and Architecture Building，他本身是这个单位的主席），为战后的美国建筑重新注入一股新的活力。十年后，雄伟的纪念碑主义（monumentalism）过时了，后现代主义成为潮流新宠。虽然鲁道夫继续在亚洲接案，但在自己的国家却备受轻视。和他同时代的戈登·邦沙夫特和凯文·罗奇（Keven Roche）都得到了普立兹克建筑奖（Pritzker Prize），鲁道夫却受到忽略。等到他在 1997 年辞世时，可以说已经完全被人遗忘了。

然而鲁道夫这位才华横溢的设计者，有一天或许可以进入建筑的万神殿。建筑的声望总是起起落落。19 世纪费城建筑师法兰克·弗尼斯（Frank Furness），设计的是拉斯金式哥特建筑物，他那种活泼耀眼的折中主义，预示了詹姆斯·斯特林的出现。

弗尼斯出类拔萃，内战期间曾经获得一枚国会荣誉奖章，在宾州建筑界执牛耳长达二十年。1891 年，他设计的宾州大学图书馆（University of Pennsylvania Library）竣工，这栋普受好评的砖石和和陶瓦建筑，有一间极富戏剧性的四层楼挑高阅览室。20世纪之交，古典主义的声势正如火如荼，弗尼斯独特的建筑品牌已经过时了。虽然他一直活到1912年才辞世，但事业一蹶不振。过了一段时间，弗尼斯已经彻底被世人遗忘，他所打造的许多建筑物不是被一一拆毁，就是遭到麻木不仁的改建。至于图书馆，高耸的阅览室被一个吊顶棚粗暴地拦腰截断。20世纪50年代，人们对弗尼斯的兴趣重新燃起，才在千钧一发之际拯救了图书馆免于被毁的命运。如今在经过仔细的修复之后，图书馆无疑已经成为宾州大学校园里最受欢迎的建筑物——钉状的装饰和故意操弄的形式，似乎和当今人们的情怀颇有共鸣。弗尼斯重新找到了他的观众。

鲁道夫和弗尼斯的命运提醒我们：虽然建筑会受到时尚的影响，建筑师本身却并非时尚设计师。“*我并不是每个星期一早上就设计出一栋新的建筑物*。”据说密斯·凡·德·罗曾经这么说。这句话常常被认为是反映他对自身艺术的全心投入。他确实有这个意思，但也有其他的解释。他的意思也可能是“我不会每个星期一早上就设计一栋新的建筑物”。西格拉姆大厦之所以成为一件杰作，不是因为密斯·凡·德·罗突然有了灵感，而是他花了好几十年的时间，学着如何把实用、坚固和美感带进自己独特的平衡当中；如何把石灰华贴在墙上创造出特殊的效果；哪一个金属制造者可以做出某一种扶手；窗户的直棂到底要多深，才能在地上打出大小刚刚好的影子。

弗尼斯设计的宾州大学图书馆，曾经被严厉抨击，吵着要拆毁，
如今却成为校园里最受欢迎的建筑物。

建筑物是极为复杂的工艺品，我们不能够低估陶冶和精练某一种建筑风格所需要的时间，对于个人或罕见的建筑风格更是如此，弗尼斯和鲁道夫就是两个最好的例子。他们拒绝配合变幻不定的时尚潮流，不只是因为固执或傲慢，只是务实而已。

莫里斯·拉皮德斯（Morris Lapidus）活得够久，来得及亲眼看到时尚在绕了一圈之后又回到原点。20世纪50年代，拉皮德斯设计了迈阿密地区不少最大型的饭店：枫丹白露饭店（Fontainebleau）、美洲饭店（Americana）、伊甸罗克酒店（Eden Roc）。他华丽的折中主义设计很受大众欢迎，却遭到建筑界的嘲笑。如今在一个所谓“娱乐建筑”（entertainment architecture）的时代，全球最著名的建筑师都在设计主题乐园和赌场，拉皮德斯似乎才摆脱了离经叛道的罪名，反而更像是个开路先锋。菲利普·约翰逊称拉皮德斯为“我们众家建筑师之父”，其实并不是太夸张。

★ ★ ★

建筑改变的速度让人手足无措。只要想想五十年来博物馆的设计就好了。华盛顿特区的国家艺术馆（National Gallery of Art，1937—1941年）和纽约市的现代美术馆（Museum of Modern Art，1937—1939年）几乎是同一个时代的作品。在现代美术馆的设计上，菲利普·里宾科特·古德温（Philip Lippincott Goodwin）和爱德华·杜雷尔·斯通把约翰·拉塞尔·波普（John Russel Pope）的建筑杰作所代表的古典传统摆在一边。现代美术馆的入口不是坐落在一大排外部阶梯上方，而是要穿过一道旋转门。古德温和斯通用一间特征不明显的大厅取代了气派的圆形大厅，低平顶的阁楼空间取代了高耸的长廊，石灰石和大理石换成了灰泥和石膏板。现代美术馆本来要成为前卫国际风格的最佳作品，不过才刚刚完工，就面临了赖特古根汉姆美术馆（Guggenheim Museum，1943—1958 年）的挑战。赖特把整个博物馆压缩成一个戏剧化的雕塑螺旋体，扬弃了白色箱形建筑的平庸；宛如软体动物的外观，和国际风格根本是南辕北辙（特别如果是用赖特最初心仪的玫瑰红色调的话。）

在耶鲁大学的英国艺术中心（Yale Center for British Art，1969—1977 年），路易斯・I. 康同样纳入了以天窗采光的中央空间，但是他加入了人行道，同时用单调的不锈钢镶板来做建筑物的覆面，借此否定了赖特花哨的反都市外观。路易斯・I. 康提倡要把科技留给所谓的**“服务空间”**，借此来驯化科技；在蓬皮杜中心（1971—1977 年），皮亚诺和罗杰斯套用了路易斯・I. 康的名言，让服务空间成为房子运作的主角。詹姆斯・斯特林在新国立美术馆（Neue Staatsgalerie，1977—1983 年）厚颜无耻地窃取了蓬皮杜中心和古根汉姆美术馆的建筑元素，再和各种不同的历史风格结合起来。

贝聿铭在华盛顿打造的国家艺术馆东馆（East Building of the National Gallery of Art，1976—1978 年），手工完美无瑕，没有一枚外露的螺栓，也没有任何过去的典故。贝聿铭拒绝了斯特林的折中主义和皮亚诺与罗杰斯的科技挂帅，而仰赖抽象的几何学来创造建筑效果。弗兰克·盖里在洛杉矶兴建的加州航空博物馆（California Aerospace Museum，1982—1984 年），也同样是采用抽象的几何图形，但他设计的形状几乎像是偶然的相互撞击。“我真的很喜欢这种〔这些形状〕手法的丑陋。”盖里表示，“仿佛让我想起我们所居住的城市以及城市建筑一栋接着一栋的丑陋。”〔6〕

国家艺术馆东馆的造价是 9 440 万美元；加州航空博物馆的预算只有捉襟见肘的 340 万。少了做出精致修饰的钱，盖里把丑怪变成一项优点，同时扬弃了贝聿铭那种过分讲究的现代主义。贝聿铭小心翼翼，他就大而化之；贝聿铭步步为营，他就即兴发挥；贝聿铭典雅精致，他却是莽撞轻率。加州航空博物馆显然不是国家艺术馆东馆的廉价版，它走的是一条不同的路。

“时尚同时也是寻找新的语言来推翻旧的语言，”费尔南·布罗代尔如此写道，“每一代都可以用这种方法来否认前一代的先辈，把自己突显出来。”〔7〕我们应该用这种眼光来谈时尚才对：时尚或许转瞬即逝，但并非无足轻重。就像布罗代尔说的，时尚的改变，不但透露着新事物的创造，也代表着旧事物的扬弃，因此新时尚必然会使人苦恼。一个人若不穿双排扣大礼服，而是改穿西装，或是把棒球帽反过来戴，一定会受到其他人的攻击。

在建筑上也不遑多让。用工字钢梁代替爱奥尼克式圆柱，把空调管暴露出来，或是用不平常的方法来使用平常的建材，都是对光荣传统的蓄意侮辱。建筑师宣称：“我们和上一代不同，我们是不一样的。”

第三章

风格

STYLE

1897 年 5 月 21 日，纽约公共图书馆（New York Public Library）的馆长约翰·肖·布林斯博士（Dr. John Shaw Billings）在宣布图书馆的竞图之时决定，在他旗下的建筑物里，设计不能胜过机能。他心里想的是波士顿刚盖好的公共图书馆（Boston Public Library），在他的眼里，这是一栋外观美丽但机能贫乏的建筑物。布林斯是军医出身，曾经负责筹办陆军军医署图书馆（Surgeon General's Library）和一份著名的医学标准。他也是医院设计方面的专家，因此对建筑相当熟悉。他提出了新图书馆平面图的草稿，其中最违背正统的特征，就是总阅览室的位置。一般的做法都是设在大门附近，但这回的安排却是在楼上，把书架设在一层。

这项竞图定出严格的条件，包括参赛者必须一律遵守详细的楼层平面图。竞图分成两个阶段，目的是吸引杰出设计新秀和老牌建筑师事务所。首先从一次公开竞图中遴选出六位建筑师。这六个人晋级到第二个阶段，这时和他们较量的是获邀的六家建筑师事务所，其中包括的不只是麦基姆、米德与怀特建筑师事务所（波士顿公共图书馆的建筑师事务所），还有皮博迪与斯特恩斯建筑师事务所（Peabody & Stearns）、乔治·布朗·波斯特（George Browne Post）这些杰出人士以及刚刚崭露头角的年轻建筑师事务所——卡里尔与哈斯丁建筑师事务所（Carrèe & Hastings）。

没想到，最后是由后起之秀获胜。令麦基姆非常懊恼的是，他不但输了，而且还落到第三名，排在霍华德与柯德威尔建筑师事务

卡里尔与哈斯丁建筑师事务所设计的纽约公共图书馆，
他们的设计打败了老牌建筑师事务所。

所（Howard & Cauldwell）后面。这是他咎由自取，因为他跋扈地把主办单位提出的平面图摆在一边，改成自己的布局。卡里尔与哈斯丁建筑师事务所则亦步亦趋地遵守布林斯的要求。

新图书馆的预算不多（170 万美元），布林斯原本预期会是一栋相当朴素的建筑物*。结果却并非如此。三个设计全都雄伟壮观。卡里尔与哈斯丁建筑师事务所和霍华德与柯德威尔建筑师事务所采用现代法国风格，不但装饰较为华丽，比起麦基姆所选择的简约古典风格，更加考虑到立面的清晰度。三者全都包含全高两层楼的巨大圆柱——麦基姆设计的是科林斯柱式，其他两个都是爱奥尼克式（完工的建筑物是科林斯式）。构图上的策略大致相似：一座宏伟的楼梯通往架高的一层；入口在正中央（在麦基姆优雅的设计中，大门比较低调）；雕塑和瓮装饰着阁楼。三位参赛者对于何谓美及何谓相称，有着共同的看法，也都很想传达出同样的信息：恒久、尊严以及根植于过去的文化。

我是在一次公开演讲中，谈到了纽约公共图书馆竞图一事，那时演说的内容主要是不久前新的盐湖城公共图书馆（Salt Lake City Public Library）举办了建筑竞图。图书馆委员会已经在全国展开寻找建筑师的行动，造访全国各地的新图书馆，同时向著名的建筑师征求方案。

* 后来追加预算，纽约公共图书馆最终耗资 900 万美元。

他们已经把人选缩小到四家建筑师事务所：其中，查尔斯·格瓦斯梅（Charles Gwathmey）和罗伯特·西吉尔（Robert Siegel）是受人尊敬的纽约建筑师，盖过许多大学建筑和博物馆，包括隶属于纽约公共图书馆系统的一间新的科学、工业和商业图书馆。摩西·萨夫迪在以色列、加拿大和美国盖过大型的市政建筑，不久前才完成了不列颠哥伦比亚温哥华的公共图书馆（the public library in Vancouver,British Columbia）。摩尔、鲁布尔与尤德尔建筑师事务所（Moore Ruble Yudell）是已故的查尔斯·摩尔（Charles Moore）创办的一家洛杉矶建筑师事务所，约翰·鲁布尔（John Ruble）及巴兹·尤德尔（Buzz Yudell）跟摩尔一起兴建了几间大学图书馆和柏林的一间公共图书馆。在四家建筑师事务所中，知名度最低的威尔·布鲁德（Will Bruder），来自美国西南部，新近落成、普获好评的凤凰城公共图书馆（Phoenix Public Library），就是这位建筑师的作品。

我告诉听众，我认为盐湖城图书馆委员会可能面临一个比 19 世纪的纽约公共图书馆更困难的选择。这不是机能的问题。盐湖城的图书馆员也准备了同样巨细靡遗的要求事项表，因此不管是哪一位建筑师雀屏中选，应该会满足“实用”这个机能。至于“坚固”，我可以合理地确定这些经验丰富的建筑师事务所，不管哪一家盖的房子都很坚固。令人难以抉择的因素在于“美感”。

格瓦斯梅与西吉尔建筑师事务所是以后期的国际风格，设计出细部干净利落、风格朴实的建筑物。萨夫迪也是一位现代主义者，但他追随贝聿铭的脚步，设计的建筑物宏伟气派——温哥华图书馆被比喻为“罗马竞技场”（Roman Coliseum）。摩尔、布鲁尔与尤德尔建筑师事务所设计的建筑物则有所不同。他们非正式而活泼的折中主义式后现代设计，可能包含了从周遭撷取而来的装饰和建筑式样。另一方面，布鲁德设计的时髦建筑物，纳入了外露的结构构件、粗糙的工业建材以及光鲜的细部。在同一个基地上施工，满足同样的机能需求，使用同样最新的建造技术，这四家建筑师事务所会设计出**看起来**不一样的图书馆。

图书馆委员会把案子委托给萨夫迪，一年以后，新建筑的设计图揭晓。新图书馆将有一栋罕见的三角形主建筑和一座如墙壁一般的弧形结构物，里面是一个公共广场。

一百年前，大家理所当然地认为纽约公共图书馆会被设计成某种古典风格的变体；如今的公共图书馆可以用许多不同的面貌呈现：可以是义无反顾的前卫建筑，例如巴黎造价15亿美元的新国家图书馆（National Library in Pairs），它把书籍收藏在四座二十二层楼高的L形玻璃塔楼里，容纳读者的地下阅览室，被伦敦的《泰晤士报》（*Times*）描述成“一系列长方形的沙龙（当然是一模一样的），你可以在里面欣赏超平滑的灰色混凝土、钢格子天花板和大片大片的非洲胶合板”[1]。新的图书馆可以走现代主义路线，就像伦敦的

THE LOOK OF ARCHITECTURE

大英图书馆（British Library）新厦，被《独立报》（*Independent*）幽默地描述成**“一栋来自斯堪的纳维亚，途中一头撞进一座英国砖砌体的巨大市政建筑”**[2]。另一方面，汤姆·毕比（Tom Beeby）在芝加哥精心打造的哈罗德·华盛顿图书馆（Harold Washington Library），就是鲜明的老式建筑，用粗琢的石墙和雕刻的砖石装饰，确实唤起了这个城市 19 世纪的建筑传统。阅读区摆的不是时髦的塑胶和金属坐椅，而是实木桌子和传统的法院坐椅。另一方面，詹姆斯·英格·弗瑞德（James Ingo Freed）在旧金山设计的公共图书馆（Main Public Library）则是新旧兼具：气派的花岗石和不锈钢外观，在一个立面上呈现的是古典风格，另一个立面则是现代主义风格。

不同建筑风格共存，并不是什么新鲜的玩意儿。在 1913 年名为《美国建筑中的风格》（Style in American Architecture）的文章里，拉尔夫·亚当斯·克拉姆指出了不下七种的当代建筑风格，只不过他称为“趋势”（tendency）而已。

其中有五种是传统的：麦基姆的纯粹古典主义（pure Classicism）；法国的现代美术学院派艺术（the Beaux-Arts French Modern）；殖民时期风格（Colonial），这是一种住宅的风格，不过也会出现在比较大型的建筑物当中，例如约翰·霍普金斯大学（Johns Hopkins University）的校园；克拉姆自己的哥特式盛期风格（High Gothic）以及他的合伙人贝特伦·古德西对这种中世纪风格比较广义的诠释。另外还有两种是新的：钢骨架构造（steel-frame construction)，被克拉姆描述成“可怕的小孩”(an effant terrible)；还有，他所谓的“分离主义者”(Secessionist)——芝加哥的赖特、帕萨迪纳(Pasadena)的格林兄弟(the Greene brothers)——展现出“对于任何一种考古的形式所怀抱的浓浓敌意”。克拉姆对未来并不是那么乐观，不过他还是做出了这样的结论：“于是，我们面对的是一片混沌，因为没有任何单一的建筑潮流，而是众声喧哗；这也就是我们建筑艺术的光荣所在，因为社会从来不是单一的，本身也不会有一致的看法。”[3]

克拉姆说得没错：大多数的历史时代在风格上都是混淆的；风格一致才是少见的情形。19 世纪 90 年代末期，出现了短暂的共识，那时建筑师和美国民众被极受欢迎的哥伦布世界博览会(World's Columbian Exposition)* 所影响，全心拥抱古典主义，至少在公共建筑方面是如此。这种一致性一直延续到纽约公共图书馆竞图的时候，但没多久又开始分歧，这一点克拉姆的文章写得很清楚。20 世纪 20 年代也出现了共识，至少进步性的建筑师彼此是一致的，但这种一致性也不持久。1940 年之后，密斯·凡·德·罗放弃了巴塞罗那展览馆(Barcelona Pavilion)和图根哈特别墅自由流动的平面和不对称体量等特征，开始设计有着现代风格的细部和建材，但

φ φ φ φ φ φ φ

*〔责编注〕为纪念哥伦布成功航行美洲 300 年，1893 年在美国芝加哥举办了 19 世纪规模最大的世界博览会。

平面布置和构图却明显走古典风格的建筑物。

20 世纪 20 年代，柯布西埃公布了“新建筑五项要点”（Five Points of a New Architecture）：独立柱（stilt）、屋顶花园（roof garden）、允许自由平面的框架结构（frame structure that allowed a free plan）、自由立面（free facade）、水平带状窗（horizontal ribbon window）。不过，他自己也有所疑虑。三十年后，他的廊香教堂（pilgrimage chapel at Ronchamps）巨大的雕塑墙壁隐藏了一个混凝土构架；屋顶根本不是平的，而是像护士鼓起来的头巾。柯布西埃创造了一句名言：“房子是供人居住的机器。”（a house is a machine for living in）现在，他则采用了一点也不像机器的建材，例如饰面粗糙的混凝土、外露的砖块、粗糙的灰泥和粗石。这个大转变带动了所谓“粗野风格”（Brutalist style）的兴起，产生了全球性的影响力，塑造出像詹姆斯·斯特林和保罗·鲁道夫这种迥然不同的建筑师的作品，最后还打开了通往后现代风格的实验之门，例如摩尔在柏克利山上的小型住宅。

国际风格建筑师的反复无常，其实是可以预料到的。西方建筑的历史就是：建筑师在寻找规则，最后只是成为了扭曲和打破规则的历史。即使是乍看之下经过严格控制的古典主义，也都难逃这个命运。

就我们所知，古代的希腊人只有三种柱式：多立克式、爱奥尼克式和科林斯式。维特鲁威一一加以描述，同时也提到了罗马人发

柯布西埃的大转变——廊香教堂（1954 年）。

明的塔斯干式。罗马式也是一种所谓的“复合柱式”，是爱奥尼克式和科林斯式的精致混合体。希腊人不知道的拱顶、拱券、圆顶，是罗马人外加的古典典律。

此后，建筑师把古典的规则不断延伸：打破三角楣饰，把壁柱压平，把圆柱放大和缩小，粗琢砖石。一位 16 世纪的法国建筑师菲利贝尔·德·洛梅（Philibert de l'Orme）发明了法国柱式；埃德温·鲁斯琴（Edwin Lutyens）根据莫卧儿（Mughal）的旧圆柱，为新德里的总督官邸(Viceroy's House)设计出一种柱式；后来艾伦·格林伯格（Allan Greenberg）为美国国务卿办公室创造出一种柱式，还把美国的国徽（the Great Seal）图案纳入其中。迈克尔·格雷夫斯为迪斯尼公司在加州伯班克（Burbank）的一栋办公大楼，设计出古典人像柱（雕刻成人像的圆柱）来支撑有三角楣饰的立面。雅典的伊瑞克提翁神庙（Erechtheon）门廊的支柱，是以优雅的少女像柱呈现；格雷夫斯的人像柱则是七个小矮人。

有家公司是以一对老鼠耳朵为标志，这家公司总部需要的，显然是和神庙截然不同的规范。在过去，宗教建筑物和宫殿需要的风格范围很狭隘。随着建筑委托案渐渐涵盖了市民建筑和商业建筑、仓库、工厂、商店和电影院、住宅和度假屋—— 每一种建筑物 ——单一风格已经不敷使用。哥特式风格会让人想起教堂，但不管霍勒斯·沃波尔再怎么努力，拿来盖住宅就是很不搭调。仿罗马式风格创造出堂皇的市政厅，但因为太过笨重，不能拿来盖摩天大楼。国际风格打造的小型建筑令人惊艳，但大型建筑就显得单调无趣。木瓦风格（Shingle Style）的小屋令人心旷神怡，木瓦风格的家得宝（Home Depot）* 未免不伦不类。克拉姆说过一句很有智慧的话："建筑如果不能表现内心深处的感受，就什么也不是；如果完全不同的事物争相要发声，那么在建筑上的表现也必然不一样。"[4]

伟大的建筑师——布鲁内列斯基、帕拉迪奥、克里斯托弗·雷恩、亨利·霍布森·理查森、埃德温·鲁斯琴——经常从过去寻找灵感。1965年，理查德·迈耶开始兴建的史密斯住宅（Smith House），被誉为"第一座国际风格复兴的建筑物"。和所有的复古主义者一样，迈耶也会精挑细选。乍看之下，史密斯住宅具有20世纪20年代柯布西埃设计的别墅所有的风格特征：自由平面、平屋顶、白墙壁、铁管扶手、水平带窗、斜面。然而使用的材料是木材和钢材，而非砖石打造而成。白色的墙壁是漆白的木质护墙板，不是灰泥；细部比较精致；平板玻璃片的面积更大，结构更为轻盈。结果产生了一种经过美国意识过滤，同时运用美国技术来塑造的国际风格。就像托马斯·杰斐逊（Thomas Jefferson）** 用木材来建造古典圆柱——同中有异，异中有同。

ф ф ф ф ф ф ф

* 家得宝，美国的家居仓储集团。

** 杰斐逊（1743—1826年），美国第三任总统，最为人所知的身份为《独立宣言》起草人，同时也是建筑师、发明家、科学家，拥有多项才能。

尽管艺术史学者喜欢用“哥特复兴”和“希腊复兴”这种字眼来突显建筑风格后来的再生，但是建筑师看待历史的观点是不一样的。“对严肃的建筑师来说，过去的存在，不只是一份要透过‘现代’意志的自觉行为来拥有的遗产。”罗杰·斯克鲁顿（Roger Scruton）*在《建筑美学》（*The Aesthetics of Architecture*）中写道，“而是作为一个恒久的事实，是延长的现在所无法去除的一部分。”[5]所以不管是英国建筑师，如伊尼哥·琼斯（Inigo Jones）或美国建筑师，如路易斯·I. 康，都会到地中海西方建筑的发源地去进行建筑的朝圣。他们手上拿着写生簿，探测古代建筑巨匠的秘密。对过去的意识，或许也可以解释建筑师为什么老是拒绝被别人按风格来分类；因为他们凭本能了解到，建筑的历史——包括现在——是一种完整的延续，而非一系列的插曲。

现在的人很欣赏风格的一致性，这在过去并非必然。1419 年，布鲁内列斯基动工兴建佛罗伦萨的孤儿院，有三角楣饰的窗户，高居在科林斯圆柱所构成的精致拱廊上，一般公认这就是第一栋文艺复兴风格的建筑物。就在同一时间，他还在为佛罗伦萨的大教堂兴建一座哥特式圆顶；二十年后，他又在米兰大教堂的十字交叉部分兴建哥特式半球形拱顶。

ф ф ф ф ф ф ф

* 罗杰·斯克鲁顿（1944—），英国知名批评家、小说家、演说家和书评家。

德国建筑大师卡尔·弗里德里希·辛克尔（Karl Friedrich Schinkel）最为人所称道的，是他严谨的古典公共建筑，例如柏林宏伟的老博物馆（Altes Museum），可是他也打造其他风格的建筑物：哥特式教堂以及如画境一般的意大利式别墅。麦基姆、米德与怀特建筑师事务所偏好以古典风格来设计公共建筑和宫殿似的住宅，但却用诺曼式（Norman）风格来建造教区教堂，以木瓦风格来建盖避暑度假屋，以法国文艺复兴风格来打造豪宅，以美国殖民时期的风格来设计乡村住宅。折中主义大师约翰·拉塞尔·波普设计出如诗画般迷人的都铎式（Tuder）、乔治王风格以及殖民时代风格的乡村庄园。鲁斯琴是另外一位以折中主义来打造住宅的古典主义者。

家居建筑师必须有高度的应变能力，因为住宅的风格会随着时尚而更迭。美国在 20 世纪初期流行的是都铎式和自由风格（Free Style）；考茨沃尔德风格（Cotswold）和法国乡村风格则出现在 20 世纪 20 年代。20 世纪 30 年代以后，受到修复威廉斯堡（Williamsburg）的影响，美国殖民风格再度盛行。考茨沃尔德风格的细部相当严谨，形式也十分质朴，创造出和法国乡村风格很不一样的环境（后者的细部通常比较精致），几乎属于田园的气氛，和自由风格大相径庭，也有别于坚强刚毅的殖民风格。既然历史性风格带有文化意涵，使用不同的风格，也是建筑师——以及业主—— 传达不同信息的一种方法。

如果建筑风格是一种语言——这种类比有严重的瑕疵——这比较像是俚语，而不是讲究文法的散文。建筑风格是多变的、紊乱的、即兴的。建筑师打破成规，同时发明新规则。一方面只是富有创意的人一股无法抑制的冲动；一方面建筑师打破既有风格的规则，是因为他们**可以**这么做。毕竟规范建筑设计的规则——消防法规、建筑法规、分区控制法、预算、方案的要件、工程规范——大多数都不在建筑师的控制范围之内；风格的规则完全是属于他的权限。既然建筑业的竞争非常激烈，出乎意料、离经叛道或只是与众不同，是一个引起瞩目、让自己脱颖而出的方法。

除了历史性风格以外，有些风格是和个别建筑师连在一起的。帕拉迪奥风格一路从帕拉迪奥延续到琼斯，再从他传承给科伦·坎贝尔（Colen Campbell）和伯灵顿伯爵（Lord Burlington），然后又由杰斐逊继承下来，重新出现在格林伯格之类的当代古典主义者的作品中。理查森的影响力短命得多，不过照克拉姆生动的说法，理查森式的仿罗马风格（Richardsonian Romanesque）就像是“美学的主宰神札格纳特”（aesthetic Juggernaut）权倾美国。密斯·凡·德·罗的钢与玻璃风格同样也盛行了超过二十年，在当代的幕墙中，仍旧能看到他招牌的工字梁直棂。

像琼斯在格林尼治的帕拉迪奥式皇后宅邸（Queen's House），阿德勒与沙利文建筑师事务所（Adler & Sullivan）在芝加哥的理查森式仿罗马风格的集会堂大厦（Auditorium Building），邦沙夫特的

STYLE

密斯·凡·德·罗式的列佛住宅（Lever House），这些建筑物都不是仿制品，而是令人满意的原始创作。不过，个人的风格大多不容易配合环境改变。举例来说，用赖特如假包换的草原风格兴建的建筑物，看起来就像廉价的名牌仿制品。有些个人的风格就是太过强烈，这恐怕就是法兰克·弗尼斯和同样有独特风格的巴塞罗那建筑师高迪（Gaudí）一直乏人追随的原因。

琼斯有意识地师法帕拉迪奥的建筑，但他从来不曾认为自己是在采用帕拉迪奥式的风格，顶多只是帕拉迪奥眼中认定的古典风格。虽然文艺复兴时期的建筑师把他们的建筑说成是“*all'antica*”——以古代的方式所建的——但他们理所当然地认为建筑的历史是不断进步的：罗马人比希腊人好，而他们会比罗马人更好。按照建筑史学家彼得·柯林斯（Peter Collins）的说法，用“风格”（style）这个字眼称呼某个特定时代或国家的建筑物，其实是相当晚近的事。他引述的是詹姆斯·斯图尔特（James Stuart）和尼古拉斯·瑞维特（Nicholas Revett）的《雅典的古代遗迹》（*Antiquities of Athens*），此书在1762年出版，是开启英国复古运动的功臣。两位作者本身都是建筑师，谈到了“希腊和罗马的建筑风格”[6]。

“风格”一词的拉丁字根是“*stilus*”。“*stilus*”是在蜡版上写字所使用的尖头工具，按照推论，也同样指把东西书写下来的方法。这个技术上的意义沿用到英语当中，“风格”的原始意义是指文学创作的某些特征，这些特征隶属于所表达之事物的形式而非内容。17 世纪的英国作曲家塞缪尔·韦斯利（Samuel Wesley）说得漂亮："风格是思想的外衣。"曾担任路易十五的建筑师，并且在 1750 年创办欧洲第一所全日建筑学校的雅克－弗朗索瓦·布隆代尔（Jacques-François Blondel），把这一层的文学意义当作一个隐喻，把建筑的风格当作一栋建筑物的特色——例如田园风格（rustic）、帝王风格（regal）或英雄式风格（heroic）。"组织立面和装饰房间的风格，就是建筑物的诗篇。"他这样教他的学生，"光是这一点，就让所有建筑师的构图真的很有意思。"[7]

文学风格描述的是书写、表达或演出的方法。按照布隆代尔的说法，建筑风格形容的是兴建的方法。尽管建筑往往是用空间、光线、体量等抽象的用语来界定，但建筑物毕竟还是实际的工艺品。对于建筑的体验是可触知的：木材的纹路、大理石有纹理的表面、钢材冷酷的精确、砖块的纹理。不过我们到底从一个砖砌体当中看到了什么呢？我们看到的是砖块和水泥砂浆的接缝（可以是整齐的或是掏空来制造阴影，砌体砌合的方式，砖块转角的方式，开口的缘饰，砖墙和地基或屋檐之间的连接）。我们看到的是细部。

细部设计是建筑师的主要任务。一旦建筑物整体的形式确定——"把体量巧妙地、准确地、华丽地拼合在一起的游戏"——剩下的问题不只是要用哪些建材和如何组合这些建材，还有建筑物的几百个构件要如何设计：从门框和窗台，一直到栏杆和踢脚板。

踢脚板的机能是遮盖墙壁和地板的接缝，其次是保护墙壁不被磨损。要达到这个目的的方法有好几十种。踢脚板可以显眼或低调，可以是木板、边顶线脚和底座的复杂组合体，或是简单的一条硬木，或是什么都没有——许多现代建筑师把踢脚板完全弃之不用。我家客厅的踢脚板有 12 英尺高。材料不是木头，而是铸铁，因为这其实是伪装的电暖器。我的房子建于 1908 年，受到两位英国建筑师查尔斯·弗兰西斯·安斯利·沃塞（Charles Francis Annesley Voysey）和巴里·斯科特（Baillie Scott）的自由风格所影响，此外为了要保存一种俭朴、田园的气氛，建筑师就把踢脚板/电暖器漆成木头的模样。

栏杆有个简单的机能——必须够坚固，如果我们靠上去，也能撑得住，同时必须能让我们牢牢握住：如果是露明栏杆，支座和栏杆相隔的空间要够小，免得小朋友从中掉落。文艺复兴时期发展出来的古典栏杆，是由栏杆柱支撑一根扶手。栏杆柱——小圆柱——可能有一个单一或双重的隆起弧形，或是花瓶的形状。以木材或砖石制作，横断面可能是圆形或四方形，可以朴实无华，也可以装饰华丽。栏杆可以用镂空的隔屏构成的女儿墙来代替。材质可以是石块或是金属（铜、锻铁或铸铁）。隔屏可以是简单的 X 形，把几何图形缠结在一起，或者是新艺术运动（Art Nouveau）的楼梯那种复杂的花卉图案。最简单的露明栏杆，可能是在纽约州阿迪伦达克野营区（Adirondack camps），营区的建造者用还没剥树皮的粗木树干，来模仿 X 形的锻铁栏杆。

THE LOOK OF ARCHITECTURE

现代的栏杆通常是金属的。柯布西埃在早期的别墅里，是用漆白的铁管栏杆来创造海洋的形象；在后期的建筑物当中，例如哈佛大学卡朋特视觉艺术中心（Carpenter Center for the Visual Arts），是用扁平的钢条取代了铁管。密斯·凡·德·罗的建筑物通常使用只有一根中间段的栏杆，位于扶手和地板中间；垂直的支柱、扶手和栏杆，都是用一模一样的方钢条制成。路易斯·I. 康建筑物里的栏杆多半是女儿墙，不过在他不得不用露明栏杆的地方，设计总是尽可能地简单。我看过一段很短的楼梯栏杆，是用一根铜条制作的，两端折弯形成支柱。迈耶也使用金属栏杆，不过因为有时候水平的横杆多达六根，视觉效果就比较突出 —— 像是乐谱上面的五线谱。

粗野主义流行的时候，栏杆也相对变得粗重起来：如摸起来不舒服，但宽度足以让人坐在上面的混凝土梁，或者是巨大的木造护栏，坚固得像是货车月台上的挡板。如今许多年轻一辈的建筑师都崇尚轻盈和外露的构造，栏杆就是这种时尚的反映。加拿大建筑师彼得·罗斯（Peter Rose）在蒙特利尔的加拿大建筑中心（Canadian Center for Architecture）的栏杆所用的隔屏，是采用极具工业气息的网眼阳极化铝皮。螺栓在支柱上也十分显眼。哥伦比亚大学勒纳厅（Lerner Hall at Columbia University）的斜坡栏杆，伯纳德·楚弥（Bernard Tschumi）就用钢缆（再加上螺丝扣）代替水平横杆，引申出航海的意味，不过这里影射的是游艇，而不是轮船。相较于柯布西埃在印度艾哈迈达巴德（Ahmedabad）兴建的原始粗野主义的绍丹别墅（Shodhan House），里面根本没有栏杆。

楚弥在哥伦比亚大学设计的勒纳厅，用钢缆代替栏杆。

贝聿铭为国家艺术馆东馆设计的简单栏杆，上面这些做法都显得矫揉造作。贝聿铭设计的不锈钢扶手仿佛漂浮在半空中，突显出坚固的玫瑰色田纳西大理石，因为支撑扶手的一片片淬火玻璃就嵌在地板上。

贝聿铭在国家艺术馆东馆的透明扶手和建筑物本身一样，显得低调、优雅、豪华。“美源于形式以及整体与几个部分之间的配合，”帕拉迪奥这样教大家，“各部分和彼此之间的联系以及这些部分又和整体产生一致性。”[8]细部彼此之间以及与建筑物的成功关系，受到建筑师对风格的敏锐度所支配。

所以，我这栋房子的建筑师把电暖器漆成了木头的样子；一位钟情于科技的建筑师可能会漆成银色；极简主义者会摒弃踢脚板，把电暖器藏在墙壁里面。细部充当的角色，并不是弥补建筑的不足；这些细部本身就是建筑。“〔对建筑的〕美学理解，”罗杰·斯克鲁顿写道：“和对细部的感觉是分不开的。”[9]密斯·凡·德·罗应该会说：“上帝就在细部当中。”*他的意思并不是说，具有重要机能（虽然事实的确如此）或是品质出众的细部可以延长建筑物

*就像密斯·凡·德·罗的名言“少即是多”的出处不明一样，“上帝就在细部当中”的出处有多种说法，有的说是出自密斯·凡·德·罗，有的则说是出自德国艺术史学家阿比·瓦尔堡（Aby Warburg, 1866—1929 年）或法国小说家福楼拜（Gustave Flaubert, 1821—1880 年）或西班牙宗教改革者、作家亚威拉的德瑞莎（Saint Teresa of Avila, 1515—1582 年）。

淬火玻璃让贝聿铭设计的国家艺术馆东馆的栏杆，
仿佛漂浮在地板上方。

的寿命（虽然确实可以）；他的意思是，细部是建筑的灵魂。既然如此，正如考古学家可以用几个碎片重建一个瓮，或是古生物学家可以通过骨骼碎片推测出一只史前动物的形状，我们也可以借着检视一栋建筑物的细部来推测建筑师的理念。

罗伯特·文丘里在 1964 年为他母亲盖的房子，撼动了国际风格的基础；这个效应有不少是细部造成的结果。虽然文丘里显然是依循现代主义惯用的手法—— 有一条形窗和钢管栏杆，他也在里里外外纳入了像镶边这种显然非现代主义的特征。古典建筑师使用各式各样的装饰线脚—— 嵌条、串珠装饰、卵形与尖形装饰、S 形曲线—— 经过组合和再组合，可以产生强烈的装饰效果。国际风格极力要去除装饰，就把镶边给废除掉了。墙壁是扁平面，窗户没有窗框，建材之间的接缝只是细裂缝。娃娜·文丘里住宅惹人瞩目的外部护壁板、踢脚板和护墙板，几乎不能算是古典的装饰线脚——只不过是有削边的板子——不过镶边和现代主义互不相容的这个假设，却因此受到了挑战。

穿过娃娜·文丘里住宅的前门，马上可以感受到这是一个不平常的地方。一道宽阔的楼梯从壁炉旁边往上升，直到几乎完全隐没为止。壁炉仿佛是一件抽象雕塑，却有传统的壁炉台。一根柯布西埃式的独立圆柱就直立在靠背椅扶手旁边。然后，还有家具。从图根哈特别墅开始——这里的家具都是密斯·凡·德·罗设计—— 一般都认为现代住宅搭配现代家具是天经地义的。文丘里解释说：“我

娃娜·文丘里住宅的室内，是文丘里为他母亲设计的。

设计这栋房子，是让我母亲的旧家具（时间大约是 1925 年，再加上几件古董）摆在里面好看。”[10]餐桌周围摆的不是具有代表性的弯管布鲁尔椅（Breuer chair），而是家常的背部有梯格式横柱的靠背椅；客厅摆的不是伊姆斯躺椅（Eames lounge chair）和沙发凳，而是一张舒服的填塞沙发。这是一种矛盾的气氛——透过传统布尔乔亚阶层家庭生活的镜头来故意扭曲的国际风格。

不管是抬头仰望万神殿高耸的圆顶，顺着赖特古根汉姆美术馆螺旋的旋涡楼梯往下走，或是站在文丘里那栋小房子的客厅里，对建筑的体验最重要的，就是身在一个分离的、独特的世界里的体验。这就是建筑和雕塑不同的地方——建筑不是一个物体，而是一个场所。身处在一个把建筑师的想象力做成三维空间表现的特殊场所，这种感觉是建筑物独特的美感。为了创造出一种强烈的场所感，周围的环境必须一体成形：空间、体量、形状和建材，都必须反映出同样的情怀；这就是细部之所以这么重要的原因。一个不调和的细部，或是前后不一——和周围格格不入——那种幻象（fantasy）就破碎了。是的，幻象。古希腊人打造的圆柱有个微微隆起的锥度，造成眼睛的错觉，从此之后，错觉就一直是建筑的一部分。这不是说建筑顶多是舞台布置，当风吹起，帆布做的布景也会消散；建筑物可以抵挡风雨侵蚀，建筑物围绕着我们，收留我们。这是一个真实的世界，但也是一种想象。

★ ★ ★

在娃娜·文丘里住宅之后出现的后现代运动，寿命相当短暂，但却造成一个重要的结果：它打破了现代主义的钳制，让设计者可以自由探索其他的表现形式。如此一来，各种风格如雨后春笋般蓬勃发展，最具体的证明就是美国建筑师艾伦·格林伯格、胡·纽威尔·詹克布森（Hugh Newell Jacobsen）和恩里克·诺顿（Enrique Norten）这三位才华洋溢但风格迥异的建筑师之作品。

格林伯格是一位坚定的古典主义者。他不认为这是什么反常的东西。“要成为真正的现代，”他写道，“就是要在永恒的人性价值观和当下特定的要求之间，找到动态的平衡。古典建筑提供的是达到这个平衡的手段，因为这是人类迄今发展出最完整的一套建筑语言。”〔11〕虽然格林伯格往过去回顾，但他并不是保持着考古学家的态度。如同卡里尔和哈斯丁以及他们之前一代又一代的建筑师，格林伯格把古典主义当成传统，加以研究、吸收——然后扩大。

从南非移民到美国，格林伯格刚当上建筑师不久，就受雇为法院书写设计标准，这让他得到了一件不寻常的委托案：把一间闲置的超级市场改建成一座法院。他为康涅狄格州的曼彻斯特（Manchester）一栋商业大楼打造了新的立面，主要的特征是一个大型的拱、比例放大的楔形拱石和一个三角楣饰。在大楼里面，大厅的筒形拱顶天花板是以塔斯干圆柱支撑。

1965 年，格林伯格从耶鲁大学毕业，和许多同时代的人一样，正在实验后现代主义带来的新自由。不过格林伯格和文丘里及摩尔不同的地方是，他并没有扭扭捏捏地把古典风格的元素引进现代主义的建筑里；他回到古典的根源。从这个朴实的起点开始，接下来的二十年间，他接到了各式各样的委托案：美国国务院大楼里的国务卿套房、几座学院和大学的建筑物，还有一间罗马天主教堂。他的商业建筑包括佐治亚州雅典（Athens）的一间报社办公大楼、曼哈顿第五大道的伯格道夫·古德曼（Bergdorf Goodman）精品百货公司的新入口，还有汤米·希菲格时装店（Tommy Hilfiger）在比佛利山（Beverly Hills）的旗舰店。格林伯格在欧洲和美国都以设计大型的乡村住宅闻名。他就和埃德温·鲁斯琴和约翰·拉塞尔·波普一样，从事住宅设计的时候，喜欢在风格上做出更大胆的冒险——使用乔治王时期和美国殖民时期的风格。他早期设计的住宅之一，就是受到了美国之父华盛顿故居宅邸弗农山庄（Mount Vernon）的灵感启发，另外还有一栋的灵感则来自帕拉迪奥未完成的提也内别墅（Villa Thiene）。有几栋是别致有趣的随性之作，那种无拘无束的气息，让人想起麦基姆、米德与怀特建筑师事务所的作品。

在格林伯格兴建的住宅当中，我最爱的其中之一，是坐落在东海岸风积沙丘间的一栋小屋。这个低矮的建筑物在 1992 年完工，是一栋木瓦盖的房子，但严格来说，不能算是木瓦风格。

近年来，木瓦风格的建筑物往往被分解成许多小部分，看起来既啰唆又神经质。这一类海滨小屋活像是一阵强风就可以吹走的样子。

格林伯格设计这栋小屋的目的，是创造出一栋非常坚固的重量级建筑物，稳稳地扎根在沙丘的灌木丛里。面向大西洋一层楼高的立面，对称得几近完美无瑕：一大扇拱窗的两侧各有一个半圆形的隔间，就像两个圆润的哨兵迎着海风站岗。两层楼高、面向草坪的一侧比较不正式，一道有遮蔽的门廊环绕着立面。细部也有厚实的味道：坚固的塔斯干圆柱、大屋顶屋檐上的沉重飞檐、粗糙的窗框。吉光片羽般的精致——有涡卷装饰的拱窗支架，搭配着屋檐上一条反 S 形的优雅线脚——更强调出乡野粗壮的感觉。

屋里的壁炉有个红砖火炉、一个石板横楣，另外还有木造的边框，其几近现代的简单造型，因为壁炉台下方的凹弧饰线脚而显得柔和了一些。天花板则由粗糙、再利用的原木外露桁架所支撑。

虽然大多数的人都会用“传统”（traditional）来描述这栋房子，这其实不是哪一种特定历史风格的实践。其中含有向英国手工艺运动（British Arts and Crafts）的建筑师查尔斯·弗兰西斯·沃塞致意的味道，而且格林伯格显然已经看过了鲁斯琴的乡村住宅。尽管是由一位带着古典情怀的建筑师所设计，但这仍是一栋现代的房屋。以漂亮的手法实现了帕拉迪奥的号召：整体和部分以及部分和整体都要有一致性。

就读耶鲁大学的胡·纽威尔·詹克布森是路易斯·I. 康的学生，后来在菲利浦·约翰逊手下工作，1958 年开设了自己的建筑师事务所，为自己奠定了首席住宅建筑师的地位，执业范围遍及美国及海外，也得到不少建筑奖。其中有好几次是因为修复历史建筑而获奖，特别是华盛顿的兰威克艺廊（Renwick Gallery）和巴黎的塔莱朗饭店（Hôtel Talleyrand）。

格林伯格设计的东海岸一栋舒适的小屋。

小屋内部。

詹克布森尽管在训练和兴趣上都是现代主义者，但还是受到了文丘里的小房子所带动的改变趋势所影响。从 1980 年起，他发展出一种混合风格，以国际风格的精确、朴素和简单来结合美国地域性的形式和建材。在马萨诸塞州南部著名的度假小岛楠塔基特（Nantucket），一栋以木瓦和白镶边所兴建的房屋，乍看之下，充满地方色彩，后来才发觉其中仔细斟酌的比例和精致优雅的细部，例如客厅里高挑的法式拉门，可以推进墙内梁座，里面同时还藏着百叶窗和纱门。另一栋柱梁结构的加勒比海式宾馆，有着宽阔的挑檐，散发出海滨小屋坦率的简单气息。俄亥俄州一栋住宅，拥有帕拉迪奥式平面以及神庙般的凉亭，是向当地的希腊复古运动致敬。还有一栋乡村住宅，宛如一栋木板与板条的哥特式复古农舍。“我努力要设计出能够表现归属感的建筑物，”詹克布森说：“能够反映或抽象地呈现附近的建筑物以及由气候和当地建材所形成的传统。”〔12〕

1988 年詹克布森设计兴建的帕米多住宅（Palmedo House），重新诠释了所在地点——长岛的美国殖民时期建筑。乍看之下，这六栋附属建筑从严谨的白色护墙板、拘谨的细部，到一模一样的斜坡屋顶，就像是一个小村落，一个小小的阿曼教派（Amish）* 的村

*〔责编注〕阿曼教派是基督教门诺教派的一支，这一教派拒绝现代文明，依靠传统农耕手段生活。

落。每间附属房屋都是一栋完美的小“房子”，有着完全一样的正方及垂直的多格玻璃窗（开窗时，就拉进设计精巧的墙内梁座）。看起来很可爱，不过詹克布森并不是什么浪漫的人。

正中央的**“主屋”**包含了客厅，是一个直通屋顶的三层楼高空间。虽然墙壁的上层设计了多格玻璃窗，客厅的角落则镶上了大片无直棂的平板玻璃片，可以坐享长岛海湾的优美景观。这是一个国际风格的设计作品，建筑的细部精简，内部的气氛洁净而冷静。不过，正统国际风格的壁炉应该是以上漆的砖块或锤琢的混凝土制成，但这栋房子里的壁炉却是非常优雅地嵌进墙壁里，让屋子有一种传统、文明的气息。这里主要的设计理念是突显旧与新、传统护墙板建筑和现代生活需求之间的张力。格林伯格会不着痕迹地解决这种紧张关系，詹克布森的做法是让它浮上台面。这听起来像是典型的后现代主义，事实上并非如此。詹克布森坦率地将新、旧结合，没有丝毫嘲弄的意味。

面对现代主义的崩溃，詹克布森采取的适应办法是寻求一个妥协的立场，格林伯格则是固守明确的古典主义。三个人当中，年纪最轻的恩里克·诺顿，走的是一条不一样的路——他试图把现代主义重新整顿起来。

诺顿就读于康乃尔大学，1985 年在老家墨西哥城开设建筑师事务所。过了没多久，他就交出了亮丽的成绩单，包括机关、商业和住宅建筑。他最重要的建筑方案是墨西哥媒体巨人 TELEVISA 电视

詹克布森时髦的帕米多住宅，

看起来像是一个村落，

反而不像是一栋住宅。

帕米多住宅内部。

台的一栋行政大楼以及国家戏剧学校（National School of Theater）。两者都纳入了隆起的金属薄壳屋顶，让人不禁想起法国建筑工程师让·普威（Jean Prouvé）在20世纪50年代打造的建筑物。普威一心要采用新的建筑方法，特别是工业化和工厂预制。他的建筑物特别轻盈，由标准化的构件组装而成，是真正的“居住的机器”。

诺顿也一心追求工业建筑技术，越轻盈越好。钢构架不知用了什么方法支撑双重张拉玻璃幕墙。屋顶是用钢缆从钢柱悬垂下来。修长、多角的柱子顶着一个玻璃顶的门廊。在诺顿的设计当中，栏杆几乎永远都是建筑师玩弄结构障眼法的机会：悬吊的玻璃片、长条的钢缆以及多孔的金属隔屏。

1994年，诺顿在墨西哥城一块狭窄的都市基地，为自己和家人盖了一栋房子。三层楼高的临街立面，主要是一片空白的混凝土墙壁；面对围起来的内院墙壁，则完全以玻璃制成。除了厨房以外，楼下的起居区完全是开放空间；楼上的卧房以百叶式的红木隔屏提供遮阴并保护隐私。全屋弥漫着机能主义的风格。朴素的细木工是漆白的木料。餐厅里的混凝土墙壁一片光秃，只有模板紧结器和现场浇注混凝土的放样基准线的规律图案。窗户是大片大片的平板玻璃，镶在简单的铝框里；一片10英尺的玻璃可以推拉到旁边，把餐厅完全打开，通往庭院。这道推拉墙让人想起密斯·凡·德·罗的图根哈特别墅里会隐没的玻璃窗，不过两者类似的地方仅止于此。

密斯·凡·德·罗简约的室内设计豪华而充满自信；诺顿的室内则是严谨到几近修道隐居的地步：对家庭生活而言，是一个中性的背景。这是一个冷静的家。这不能算是一个“居住的机器”，不过就精确和理性的平面布置而言，确实跟机器没有两样。

如同格林伯格和詹克布森，诺顿经常喜欢反思过去。虽然他盖的住宅在形式上和 20 世纪 20 年代平屋顶灰泥别墅的国际风格几乎没有什么关系——除了漆白的圆形钢柱，和那个时代有共同的野心：高度抽象、理想主义、爱好科技，并且缺乏应用装饰。装饰不是来自镶边，而是不同建材的表面品质——混凝土、红橡木地板、蚀刻玻璃——以及把结构的衔接清晰鲜明地表现出来。诺顿的建筑物展现出国际风格的另外一个特征：没有地域感。也就是说，这些建筑物虽然用心适应规划和基地的特性，却没有明显地认知到周边的地区脉络。不管是在墨西哥，还是新墨西哥——诺顿在当地盖了一座文物中心——风格完全一样：低调、适宜及世界主义。

一个人到底是喜欢格林伯格、詹克布森，还是诺顿，这是品味的问题（我刚好三者都喜欢）。建筑物固然各有不同，但三位建筑师却有一个共同点。他们都很严肃地看待自己的工作，也就是说，他们的建筑物展现出一种强烈的坚定感。对细部一丝不苟，纪律严明，但也对自己所强加的规则有足够的了解，才能够偶尔犯规。此外，他们的建筑物虽然有着强烈的风格感，但绝对不仅仅是风格化这么简单。这是因为在他们的建筑物当中，风格（表现的手法）永远是

严谨的现代主义：LE 住宅（House LE），由十人建筑师事务所（TEN Arquitectos）的诺顿设计。

LE 住宅内部。

为了内容（被表现的事物）而服务。没有内容的风格很快就会沦为滑稽的模仿，就像一位手势夸张、辞藻华丽，但内容贫乏的演说者。相反的，格林伯格、詹克布森和诺顿的建筑物对于我们的过去、我们的环境和我们自己，都有许多的着墨。

格林伯格、詹克布森和诺顿从来不以风格的观点来描述他们的建筑物。我想建筑师之所以不喜欢谈这个问题，应该是基于很多因素。现代运动大力反对风格和时尚任意发号施令，同时要坚持一种严格但从不宣之于口的风格一致性，对风格的怀疑正是现代运动留下的遗产。这种教诲如此根深柢固，对于大多数的建筑师，一直是一种道德的约束，无论他们到底是不是现代主义者。

建筑师这么不愿意讨论风格的另外一个原因，或许是恐惧使然。他们担心只要和某一种特定的风格扯上关系，就等于被套进一个框框里—— 和大多数的创作人才一样，建筑师也不喜欢被归类。同时也担心谈论风格会让建筑—— 一件严肃的事情 ——变得琐碎无聊。这种事还是留给室内设计师和时尚设计师去做就好了，建筑师看待这两种行业时，往往是轻蔑和嫉妒的情绪交织。最后，他们对风格有一种说不出口的恐惧，是因为它会受到时尚的心血来潮和异想天开所左右。至少我就认为这种担心是没有什么根据的。建筑如果能感知到风格——时尚——的存在，就不会和许多当代建筑一样，沦为一座反思和自我参考的建筑物，而会成为世界的一部分——不是给建筑师欣赏的建筑物，而是诉诸世界上其他的

人。这其实不是一件坏事。

结　论

理查德·莫里斯·亨特是19世纪末美国最著名的建筑师，其卓越地位反映在亨特两度被任命为国家重要建设项目的建筑师：1893年芝加哥哥伦布世界博览会最核心的建筑物以及自由女神像的台座。他在美国及其他国家都备受赞誉。

亨特是有史以来第一位获得哈佛大学荣誉博士学位的建筑师，也是第一位获得英国皇家建筑师协会（RIBA，Royal Institute of British Architects）颁赠金质奖的美国人，并且成为法兰西学院（French Académie）的荣誉会员及荣誉骑士。一百年后，只有弗兰克·盖里可以和他相提并论。

盖里在1989年获得普立兹克建筑奖（Pritzker Prize）的殊荣，此后他继续获得了超越其他任何一位在世建筑师的荣誉，包括像多罗西与莉莉安·姬许奖（Dorothy and Lillian Gish Prize，一个非建筑的艺术奖项，盖里是第一位获奖者）以及具有艺术界诺贝尔奖之称的日本皇室世界文化奖（Japanese Praemium Imperiale）等重要艺术奖项。即使作风稳健的美国建筑师协会（AIA，American Institute of Architects）过去一直对盖里视而不见，后来也把最高荣誉的建筑师学会金质奖颁给他，而不是更主流的建筑师。

任何两位建筑师，都不会像这个古怪的搭配相差得这么多，一位是镀金时代（Gilded Age）高雅的上流社会最欣赏的建筑师，一位是来自圣塔·莫尼卡（Santa Monica）*，不修边幅，放荡不羁。然而两者确有相似之处：他们两人都是老来得志。盖里得到全国肯定的时候是 48 岁。之前，他已经在洛杉矶开设自己的建筑师事务所将近二十年，盖购物中心、郊区的办公室、百货公司和公寓，呈现的是合适但并不出色的洛杉矶现代风格。让他获得全球瞩目的建筑案，是他改建的自家住宅：一栋令人难以归类的平房，用未上漆的胶合板、波浪状的金属和钢丝网围栏，构成一个令人不安的立体派组合体，把平房包围起来。怪异的形状和非正统的建材，突显出盖里的离经叛道。当时是 1978 年。出乎意料的是，他因此吸引来各式各样的委托案，不只是住宅的业主，还有博物馆、公共机关、大学、公司和开发商，而且不只在美国，还遍及世界各地。

亨特发迹时已经 43 岁了。1855 年，他几乎才刚刚从巴黎美术学院毕业，就在纽约开了一家建筑师事务所。他的成就算是中等，因为打造了纽约早期的一座摩天大楼《纽约论坛报》大厦（Tribune Building），而在地方上颇具知名度。尽管具有在巴黎学习的背景，亨特遵循的是当时盛行的拉斯金式哥特风格。至于他在曼哈顿商业区设计兴建的长老会医院（Presbyterian Hospital），建筑评论家蒙

*〔责编注〕盖里的家就在加利福尼亚的圣塔·莫尼卡。

哥马利・斯凯勒（Montgomery Schuyler）表示："这是一栋哥特式设计的建筑物，砖块的颜色很红，石块的修饰很不规则，我必须很遗憾地坦白表示，实在不怎么赏心悦目。"[13]

亨特在处理下一个案子，雷诺克斯图书馆（Lenox Library）的时候，试图改弦易辙。他借用了法国建筑师拉布鲁斯特（H.Labrouste）以圣日内维夫图书馆（Bibliothèque Sainte Geneviève）所带动的法国新希腊风格（Frech Neo-Grec style），再加上文艺复兴风格的细部，和他自己特有的活泼表面造型，设计出来的成品竟然完全背离了传统，是一个气势逼人的单色石灰石砌块。雷诺克斯图书馆（位于第五大街上，就是现在弗瑞克收藏馆的所在地）标示了建筑品味的改变，从拉斯金的风格，转向宏伟而崇尚美学的古典主义。

19 世纪 80 年代是非常繁荣的十年，这些纽约新贵忙不迭地寻求亨特融合了优良品味和夸张炫耀的建筑物。亨特也为他们交出了一连串声名大噪的成绩单：沿着第五大街气派的豪宅、长岛的乡村住宅、罗德岛纽波特（Newport，Rhode Island）如宫殿般的"小屋"。亨特在 1895 年辞世，不过在他生命的最后七年，完成了高达五十几件的建筑案。

北卡罗来纳州阿什维尔（Asheville）的贝尔特摩住宅（Biltmore House）就清楚地展现出亨特在风格上的才气。亨特在设计这栋两百五十个房间的住宅时，是以法国布洛瓦堡（Château de Blois）为蓝本，这座古堡的风格并不是麦基姆之类的建筑师所偏好的意大利文艺复兴时期那种严谨的古典主义，而是比较华丽别致的法国文艺复兴风格。

对于现代的造访者而言，看到贝尔特摩住宅的尖塔、角楼和陡峭的石板屋顶，可能会让人想起迪斯尼乐园的睡美人城堡（Sleeping Beauty Castle），这一点并不令人惊讶，因为迪斯尼公司也是以罗亚尔河河谷（Loire Valley）的一座城堡——于赛堡（Château d 'Ussé）为蓝本。不过这样的比较对亨特不公平，因为他的设计既没有过度修饰，也没什么古风奇趣。他的业主乔治·华盛顿·范德比特（George Washington Vanderbilt）是一位年轻的单身汉（这栋房子完工后不久，他就结婚了）。亨特为他打造了一栋粗壮、阳刚，而且极度自信的建筑物，和童话故事扯不上关系。

由于年轻的乔治和他富裕的家族把自己想象成美国的贵族，在一趟旋风式的欧洲之旅途中，亨特带范德比特去看了法国的一栋古堡，深深吸引了他。贝尔特摩住宅随处可见写着"V"的家纹徽章。亨特为他的业主提供了一个想象的皇室环境，不过是用他自己的方法来处理历史。

虽然是以布洛瓦堡为蓝本，亨特无意为这个 16 世纪的古堡打造一个复制品，而是撷取当时其他建筑物的细部，重新结合成一个原创的整体。他也并不企图创造出"这是一座 16 世纪古堡"的错觉——没有用任何人工制造出风雨侵蚀的痕迹，没有任何陈化效应或仿造的历史主义。豪宅的室内现代、明亮、宽敞。一层的焦点是一间玻璃屋顶的温室，这是 19 世纪常见的特色。房子的砌石工程做得

亨特在北卡罗来纳州阿什维尔设计的贝尔特摩住宅，
在 1892—1895 年兴建。

无懈可击，比布洛瓦堡要干净利落，轮廓分明得多。亨特不喜欢玩古董，而且使用了大量现代美国的科技。用工字形钢梁来支撑防火空心砖的楼面，陡峭的石板屋顶下面，架设的是钢制的屋顶桁架。铸铁取代了锻铁，用庄园里的砖窑烧出来的高品质砖块来支撑石灰石的墙壁。同样新奇的还有电梯和电话、电灯、冷热自来水、中央暖气系统。对亨特而言，贝尔特摩住宅无疑是一栋最新式的**现代**建筑物，这也是宅邸风格的一部分。

盖里和亨特一样，喜欢拿新奇的建材来盖房子。例如，西班牙毕尔巴鄂的古根汉姆美术馆（Guggenheim Museum in Bilbao）的覆面材料，用的就是原本以建造飞机为主的钛金属。金属的墙壁呈现迂回曲折的弧形。一部分的建筑物还滑到邻近的一座桥下，还有一部分则是从有倒影的水池里浮出来。毕尔巴鄂人把这座美术馆称作“朝鲜蓟”（artichoke），如果你能想象一个二百多英尺高、闪闪发光的金属朝鲜蓟，那么这个绰号还算相当传神。表面看起来似乎毫无章法——各种形状毫无秩序地相互冲撞——是建筑史上首开先例之作。这不是一件宛如雕塑的建筑作品，而是一件“可以走进去”的雕塑品（walk-in sculpture）。

柯布西埃宣扬的是“平面图是起点”（the plan is generator），可是对盖里来说，平面图是终点。盖里似乎是由外往内设计，先出现建筑的构图，然后再设计内部的空间。这仿佛暗示说，他是把机能硬塞进建筑物里，但事实并非如此。古根汉姆美术馆有三种不同

西班牙毕尔巴鄂的古根汉姆美术馆，盖里设计，在 1991—1997 年兴建。

的陈列空间：靠天窗照明的传统陈列室，展出早期现代艺术的永久馆藏；一个像船一样的长形空间，展出临时的装置艺术；还有十一个比较小的陈列室，全都各有特色，精心挑选在世艺术家的作品展出。朝鲜蓟里面包罗万象。这栋建筑物看似信手拈来之作，但其组织方法绝非出于偶然。

盖里的天分就在于他无与伦比的形式想象力；他作为一位建筑师的技巧，就是把自己想象出来的形式和业主在机能方面的需求相互调和。当然，也得想办法把这些形式打造出来。这一点通常都做得干净利落。钛金属薄片只是像木瓦风格屋顶的木瓦一样，沿着翻腾的表面贴上去；石灰石的使用也是以类似的毫无人工修饰的方式，没有任何明显的接缝。盖里和早期国际风格的建筑师一样，对细部是采取一种极简主义的做法，不过他配置这些细部时，是着眼于不同的目的。去除了盖顶横条、柱顶横梁的横带以及镶边，他突显了其建筑物宛如雕塑品的特质。古根汉姆美术馆没有屋顶、墙壁或是窗户，只有迂回曲折的金属、石材和玻璃平面。有位建筑批评家曾经形容盖里是一位“好莱坞出身的智者”（a smart man from Hollywood）。这句话贴切地捕捉到这位建筑师成功地将表演才华和幕后的奇思妙想完美结合在一起。

虽然高明的建筑技术和新颖的建材，在盖里的建筑物中扮演了很重要的角色，但他和亨特一样，并没有让科技成为舞台上的主角。在那方面，盖里拒绝了许多当代建筑师的作品中弥漫的那种矫揉造作的工业风格。不过，他并不怀旧。盖里同时扬弃了国际风格道德派（moralistic）的机能主义以及古典主义的传统。建筑师在过去已经打破了成规，只是很少这么斩钉截铁而义无反顾。

盖里和亨特一样，改变了建筑的发展方向。也就是说，他已经使我们用不同的方式来看待周围的环境。盖里的建筑世界乍看之下是个古怪的地方。秩序和混乱之间只有一线之隔，我们很难得知什么是刻意成就，什么是意外之喜。不过说也奇怪，他那些冲突的形式和狂乱的建筑，竟然不会让人有丝毫的威胁感。盖里好像在说：这就是我们现在的生活方式，何不干脆乐在其中？

注解 | NOTES

第一章 盛装打扮 | DRESSING UP

〔1〕有关现代建筑的构成事实与现代建筑的影像，精辟的讨论见 Edward R. Ford, *The Details of Modern Architecture* (Cambridge, Mass.: MIT Press, 1990) 及 *The Details of Modern Architecture*, vol. 2: 1928 to 1998 (Cambridge, Mass.: MIT Press, 1996).

〔2〕Vincent Scully, *Architecture: The Natural and the Manmade* (New York: St. Martin's Press, 1991), 55—56.

〔3〕George Hersey, *The Lost Meaning of Classical Architecture: Speculations on Ornament from Vitruvius to Venturi* (Cambridge, Mass.: MIT Press, 1988), 23.

〔4〕John Summerson, *The Classical Language of Architecture* (London: Thames & Hudson, 1980), 15.

〔5〕Heinrich Klotz, *The History of Postmodern Architecture*, trans. Radka Donnell (Cambridge, Mass.: MIT Press, 1988), 179.

〔6〕Anne Hollander, *Sex and Suits* (New York: Knopf, 1994), 141.

第二章 时尚与过时 | IN AND OUT OF FASHION

〔1〕John Tauranac, *The Empire State Building: The Making of a Landmark* (New York: Scribner, 1995), 184—197.

〔2〕Fernand Braudel, *Capitalism and Material Life* 1400—1800, trans. Miriam Kochan (New York: Harper Colophon, 1975), 239.

〔3〕John W.Cook and Heinrich Klotz, *Conversations with Architects* (London: Lund Humphries, 1973), 94.

〔4〕Raymond Hood, "Exterior Architecture of Office Buildings,"*Architectural Forum*, vol. 41, no. 3 (September 1924), 97—98.

〔5〕John Summerson, *Heavenly Mansions: And Other Essays on Architecture* (New York: Norton, 1963), 12-13.

〔6〕*The Architecture of Frank Gehry* (New York: Rizzoli, 1986), 161.

〔7〕Ibid., 236.

第三章　风格 | STYLE

〔1〕Marcus Binney,"Books, yes," *The Times* (March II, 1996).

〔2〕Jonathan Glancey, "Cross-Channel sibling has kept to the storyline," *Independent* (December 17, 1996).

〔3〕Ralph Adams Cram, "Style in American Architecture," *Architectural Record* (September 1913), 237.

〔4〕Ibid.

〔5〕Roger Scruton, *The Aesthetics of Architecture* (Princeton, N.J.: Princeton University Press, 1979), 16.

〔6〕Peter Collins, *Changing Ideals in Modern Architecture 1750—1950* (Montreal: McGill University Press, 1965), 65.

〔7〕Jacques-Françis Blondel, *Cours d'Architecture*, vol. I (Paris: Desaint, 1771), 401.

〔8〕Andrea Palladio, *The Four Books of Architecture*, trans. Issac Ware (New York: Dover Publications, 1965), I.

〔9〕Scruton, *The Aesthetics of Architecture*, 262.

〔10〕Robert Venturi, "Mother's House 25 Years Later," in *Mother's House: The Evolution of Vanna Venturi's House in Chestnut Hill*, ed. Frederic Schwartz (New York: Rizzoli, 1992), 37.

〔11〕Allan Greenberg, "What is Modern Architecture," in *Allan Greenberg*, Architectural Monographs No. 39 (London: Academy Editions, 1995), II.

〔12〕"The AD 100 Architects," *Architectural Digest*, vol. 48, no. 9 (1991), 124.

〔13〕Robert A. M. Stern, Thomas Mellins, and David Fishman, *New York 1900: Architecture and Urbanism in the Gilded Age* (New York: Monacelli Press, 1999), 260.

名词释义 | GLOSSARY

依年代顺序排列

1 古典风格 | CLASSICAL

指古希腊或古罗马时期及随后受其影响的建筑风格，譬如仿罗马式、文艺复兴、巴洛克式样皆属此类。该风格的特点在于柱式制度性的运用。

2 仿罗马式 | ROMANESQUE

指 11、12 世纪中世纪欧洲的建筑风格，这种建筑风格采用和古罗马建筑相同的形式和材料，特征包括：厚实的石造建筑和稍显厚重的比例关系；砖、陶覆材的普遍使用；圆拱券；拱顶结构的再发现——先是筒形拱顶，然后是交叉拱顶，最后是肋骨拱顶。

3 诺曼式 | NORMAN

指 11 世纪到 12 世纪末英国的仿罗马式建筑风格，采用古罗马式的拱式结构。诺曼式建筑现存的主要是教堂和城堡。以厚实的石墙、窄小的窗口、半圆形拱券、粗圆的立柱和方形塔楼为特征，给予人厚实感和庄严感。

4 哥特式 | GOTHIC

指中世纪欧洲建筑，11 世纪下半叶起源于法国，在 13 至 15 世纪流行于欧洲，主要见于天主教堂，也影响到世俗建筑，特征是：尖拱、飞扶壁和肋骨拱顶。12 世纪末传入英国，16 世纪初，哥特式经历了早期英国式、装饰式和垂直式三个阶段，产生了伟大的建筑群。

5 早期英国式 | EARLY ENGLISH

指英国哥特式建筑的第一个阶段，始于1180年。特征是：尖顶窗或后来的几何形花式窗格；肋骨拱顶；强调纤细的线状接合，取代了块体和体量；鲜明的线脚；建筑元件间有明显的区别。代表作品：索尔兹伯里大教堂（Salisbury Cathedral）。

6 装饰式 | DECORATED

指英国哥特式建筑中，在早期英国式时期之后的建筑风格。特征是：精巧的曲线式花式窗格、奇特的空间效果、复杂的肋骨拱顶、尖凸饰、自然风格的叶饰雕刻。

7 垂直式 | PERPENDICULAR

指英国哥特式建筑最后一个阶段，14世纪下半叶垂直式取代了装饰式，一直延续到17世纪。特征是：轻巧高耸的比例、大型的窗户、平直整齐的格状饰线、浅而薄的装饰线脚、四心式拱券和扇形拱顶。代表作品：剑桥国王学院教堂（King's College Chapel）、温莎堡的圣乔治教堂（St. George's Chapel）以及牛津和剑桥几所古老学院均属于这种风格。

8 文艺复兴建筑 | RENAISSANCE

指欧洲建筑史上，继哥特式建筑之后，出现的一种建筑风格。15世纪产生于意大利佛罗伦萨，后传播到欧洲其他地区，形成带有各国特色的文艺复兴建筑。意大利文艺复兴建筑在文艺复兴建筑中占有最重要的位置。最明显的特征是：扬弃了中世纪时期的哥特式建筑风格，在宗教和世俗建筑上重新采用古希腊罗马时期的柱式构图要素。代表作品：佛罗伦萨大教堂。

9 都铎式 | TUDOR

这一风格因流行于英国都铎王朝时代而得名，此时，大型的宗教建筑活动停止了，新贵族开始建造舒适的府邸，混合传统的哥特式和文艺复兴风格的都铎式建筑应运而生。这是一种过渡时期的风格，主要表现在府邸宅居上。都铎式府邸建筑形体复杂，尚存有雉堞、塔楼，这些属于哥特式风格；但其构图中间突出，两旁对称，则已是文艺复兴风格。

10 乔治王风格 | GEORGIAN STYLE

指 17 世纪起源于英国，基于意大利文艺复兴时期的建筑师帕拉迪奥发展出来的古典设计原则，所形成的一种建筑风格。17 世纪中期，建筑师伊尼哥·琼斯和克里斯托弗·雷恩开始使用帕拉迪奥的设计原则来设计建筑物，在英国广泛风行，取代了中世纪风格，18 世纪，乔治王风格设计传到美洲殖民地。新英格兰的乔治王风格受周遭环境、气候以及清教徒的影响，比起其他殖民地，其装饰较少，尺度也较小。19 世纪后期，乔治王风格再次复兴，更适应于更现代的生活形态和品味。

11 帕拉迪奥风格 | PALLADIAN ARCHITECTURE

一般指受到意大利建筑师安德烈·帕拉迪奥本身作品启发的建筑风格。帕拉迪奥主义作为一种风格的演化，开始于 17 世纪，17 世纪中叶在英国短暂风行，然后传播到北美，持续发展到18世纪末。当时在北美，最有名的帕拉迪奥风格建筑是杰斐逊所设计的建筑。

12 新古典主义 | NEO-CLASSICISM

指18世纪60年代到19世纪流行于欧美国家，采用严谨的古希腊、古罗马形式的建筑，又称为“古典复兴建筑”，主要用于国会、法院、银行、博物馆、剧院等公共建筑和纪念性建筑。

法国在18世纪末、19世纪初，是新古典主义建筑活动的中心，英国则以复兴希腊建筑形式为主。美国独立前，建筑造型多采用欧洲风格，称为“殖民时期风格”。独立后，也力图摆脱建筑上的殖民时期风格，借助希腊、罗马的古典建筑来表现民主、自由、光荣和独立，因而新古典主义在美国盛极一时。代表作品：爱丁堡中学、伦敦大英博物馆以及德国勃兰登堡大门、美国国会大厦、林肯纪念堂等。

13 希腊复兴式 | GREEK REVIVAL

指19世纪前半叶，以公元前5世纪希腊神庙为范本，流行于欧洲和美国的建筑风格。主要由于希腊爆发独立战争、希腊文化在学术上产生的吸引力以及雅典的帕提侬神庙被推崇为一座重要历史性建筑，更进一步助长了这种趋向。

14 哥特复兴式 | GOTHIC REVIVAL

指18世纪下半叶到19世纪上半叶，在欧洲中世纪的哥特式建筑重新的复兴，但更为精致豪华，其典型建筑为伦敦的英国议会大厦。

15 学院式哥特风格 | COLLEGIATE GOTHIC

源于哥特复兴式风格，是一种受到中世纪哥特式建筑启发的建筑风格。哥特复兴式开始于18世纪中叶，在19世纪成为一种居于领导地位的建筑风格，由于对学术、政治和宗教建筑都富有精神上（道德上）的寓意，而经常被使用。

16 维多利亚风格 | VICTORIAN STYLE

指19世纪英国维多利亚女王在位期间形成的艺术风格，经历工业革命之后的文化反思，产生了以折中古典作为主体的成果，融合了新形态的哥特式、文艺复兴、巴洛克等风格的重现以及对于过度追求机械美学的省思，因此这一时期的各项古典风格也被称为“新古典主义”。

17 折中主义建筑 | ECLECTICISM

指19世纪上半叶至20世纪初，在欧美国家流行的一种建筑风格。折中主义建筑师任意模仿历史上各种建筑风格，或自由组合各种建筑形式，不讲求固定的模式，只讲求比例均衡，注重形式美。19世纪中叶，以法国最为典型，巴黎美术学院是当时传播折中主义建筑的中心。代表作品：巴黎歌剧院（Opera,Pairs）、罗马的伊曼纽尔二世纪念建筑（Monument of Emanuele Ⅱ）、巴黎圣心教堂（Sacre Coeur）。

18 装饰艺术风格 | ART DECO

20世纪20年代，美国东部纽约地区以及中西部五大湖地区，受商业热潮及机械文明的影响，渐渐摆脱了19世纪末新古典主义风潮的包袱，走向现代化的道路，发展出了一种介于古典与现代之间的建筑折中风格，后人引用了1925年巴黎艺术装饰工艺展的名称，命名为“装饰艺术风格”。

造型特征：受到立体派影响及对造型元素的抽象表达，经常在其细密线条的顶端及收头部分，出现重叠的几何块体，并喜好使用曲折线的装饰条纹，因此也被称为“曲折线现代主义建筑”。层层退缩的梯状建筑造型，也是其基本造型，与现代主义国际风格光滑笔直的外形，形成极大对比。

20世纪20年代又称为“爵士时期”（20年代爵士乐风靡美国），因此，装饰艺术风格建筑也称为“爵士现代主义建筑”，是美国最具代表性的建筑形式，1929年华尔街股市大崩盘，也结束了装饰艺术风格时期。

19 艺术和手工艺运动 | ARTS AND CRAFTS MOVEMENT

此一运动又称“工艺美术运动”，是在伦敦世界工艺产品博览会之后出现的。在艺术评论家约翰·拉斯金和威廉·莫里斯倡导下，于19世纪后期，在英国出现了复兴手工艺品的热潮。1888年，由莫里斯担任主席的艺术与手工艺协会成立，是这次运动的象征。受到拉斯金和莫里斯的美学观念影响，英国工艺美术运动主张师从自然和复兴哥特式风格，注重形式美，对后来在欧洲兴起的新艺术运动产生直接的影响。

20 木瓦风格 | SHINGLE STYLE | 1879—1893

木瓦风格建筑是美国化的安妮女王风格（又称“浪漫女性派”，设计华美繁复），特色包括：连续不断的木片屋顶表面、波浪状的墙面、庞大的门廊、有窗头线饰的屋顶窗、具乡村气息的石材和圆形拱顶等。

21 巴黎美术学院派艺术 | BEAUX-ARTS

指巴黎美术学院传授的古典建筑艺术风格。1648 年在巴黎建立美术学院（Academie des Beaux-Arts），专门培养绘画、雕塑、雕刻、建筑等艺术人才，由此成为欧洲各国相关建筑教育的先河，学院培养了大批著名建筑师。这一风格流派强调将古代希腊、罗马建筑风格相结合，突出对称，经常运用鲜花、花环和盾牌造型来装饰高大的建筑物，由于这类风格的建筑物巨大的体量和雄伟的气势很适于修建法院、博物馆、车站和政府建筑。

该风格 19 世纪 80 年代至 20 世纪 30 年代最为繁盛，它不仅在欧洲具有深远影响，许多美洲学生毕业后在美洲也建造了具有这种风格的著名建筑。

22 美术古典主义 | BEAUX-ARTS CLASSICISM

指以法国美术学院命名的建筑风格，也称为“古典复兴”或“学院派古典主义”。它是新古典主义后期的形式，带有折中的特色，是希腊和罗马的模型结合文艺复兴的表现形式。1893 年芝加哥的哥伦布世界博览会是学院派古典主义的一大胜利，并促进城市美化运动。特色是：成对的柱子、富有纪念性的楼梯、人物雕像、严格且精心设计的对称、巴洛克细部装饰。

23 结构主义 | CONSTRUCTIVISM

结构主义是发生在俄国 1917 年革命后的艺术运动，也受到立体派及意大利未来主义的影响，在俄国大致持续到 1922 年，“结构主义”这个名字源于 1922 年斯坦伯格 (Vladimir Stenberg) 等艺术家，在莫斯科的诗人咖啡厅联展时展出目录所用的字眼（Constructivists），这个词的意思是“所有的艺术家都该到工厂里去，在工厂里才可能造就真实的生命个体”。所以这个派别的艺术家放弃了传统艺术家单纯依靠赞助人支持的概念，转而将艺术家与生产、工业联系起来，同时希望继而界定出新的社会与政治秩序。他们将艺术放置于“服务、构成”一个新社会的位置，正是由于这种政治立场。结构主义者不喜欢用设计师、设计品这类字眼，他们最常用的是用“艺术产品”来取代设计品的称谓。基于结构主义反艺术的观点，俄国的结构主义者有意避开使用传统的艺术媒材（如油画颜料、帆布），也有意避开使用革命前的图像，所以艺术品是由既成物或既成材料所制造出来的（如木材、金属板、照片、纸张等）。艺术家的产品看起来常常是简化的或抽象的形体，这些艺术家的活动力很强，从照片设计、电影到舞台设计都不缺席，目标将各种不同的元素，甚至不同的材料，并置在一起，以构成一个真实的社会。

24 现代主义建筑 | MODERNISM

指产生于19世纪后期，20世纪中叶在西方建筑界居主导地位，50至60年代风行全世界的一种建筑思想，其主张建筑师要摆脱传统建筑形式的束缚，大胆创造适应于工业化社会条件要求的崭新建筑，因此具有鲜明的理性主义与激进主义的色彩，其中具重要影响的代表作品有：格罗皮乌斯的包豪斯校舍、柯布西埃的萨伏伊别墅、密斯·凡·德·罗在巴塞罗那的展览馆。

25 国际风格 | INTERNATIONAL STYLE

指第一次世界大战前不久，在欧洲和美国形成的一种建筑风格，特征是强调机能以及排斥传统装饰主题，这个专有名词是1932年纽约的现代艺术博物馆举行首届国际现代建筑博览会时，筹划单位创立的。从那时开始，尽管有许多批评和抱怨，仍成为20世纪20年代到50年代或70年代，现代建筑主流的代表称号。在20世纪20至30年代，持有现代主义建筑思想的建筑师作品，有一些相近的特征，如：平屋顶、不对称的布局、光洁的白墙面、大小不一的玻璃窗、很少用或完全不用装饰线脚等，这样的建筑形象一时间在许多国家出现，于是有人称它为“国际风格建筑”。

26 机能主义 | FUNCTIONALISM

指主张建筑的形式应该服从其机能的建筑流派，自古以来，许多建筑都是注重机能的，但到了19世纪后期，欧美有些建筑师为了反对学院派追求形式、不讲机能的设计思想，才又特别把建筑的机能作用强调出来。随着现代主义建筑运动的发展，机能主义思潮在20世纪20至30年代风行一时，这时也出现另一种机能主义者，主要是一些开发商和工程师，他们认为经济实惠的建筑就是合乎机能的建筑，会自动产生美的形式，这些极端的思想排斥建筑自身的艺术规律，直到20世纪50年代，机能主义才逐渐销声匿迹。

27 粗野风格 | BRUTALIST STYLE

起源于现代建筑运动，兴盛于20世纪50至70年代，是一种“对混凝土的礼赞”，早期的粗野主义 (Brutalism) 是受到柯布西埃及密斯·凡·德·罗作品的启发。这个词来自法文“béton brut”或“粗糙的混凝土”。粗野主义的建筑通常是由单调重复的几何图案构成，显露出塑形材料木头板模的纹路，其使用的材料一般是粗糙、毫无装饰的纯混凝土。

28 极简主义 | MINIMALISM

起源于20世纪60年代纽约一项艺术运动，重点在于强调理性和直线、几何、对比等形式，这些极简的艺术概念后来在绘画、文学、建筑、音乐等方面，都产生了相当程度的影响，进而衍生出近代许多重要的艺术派别。

29 后现代主义 | POSTMODERNISM

20世纪60年代以来，在美国和西欧出现反对或修正现代主义建筑的思潮，美国建筑师罗伯特·斯特恩提出后现代主义建筑有三个特征：采用装饰、具有象征性或隐喻性、与现有环境融合。一般认为，真正给后现代主义完整指导思想的是文丘里《建筑的复杂性和矛盾性》一书。西方建筑杂志在20世纪70年代大肆宣传后现代主义的建筑作品，但直到20世纪80年代中期，堪称有代表性的后现代建筑仍寥寥无几。其中较具典型的有：文丘里在费城栗子山的娃娜·文丘里住宅、波特兰市政大楼、美国电话电报大楼等。

30 历史主义 | HISTORISM

历史主义原来是指古典主义或新古典主义，只不过在西方建筑史中，古典主义、新古典主义等名词已经使用过许多次，所以后现代的历史主义就简称为“历史主义”。历史主义是指：以自己民族历史上最光辉时期的式样，加以简化运用于当代建筑里。目前建筑上历史主义最强的就属意大利建筑了，不但在业界兴起历史主义，在学界也有个威尼斯学派，兴起建筑的历史主义，又称为“新理性主义建筑”。代表作品：意大利建筑师阿多·罗西(Aldo Rossi)及日本建筑师安藤忠雄的作品。